ナチス・ドイツ「幻の兵器」大全

The Lost Secret Weapons of Nazi Germany

横山雅司

JN131864

彩図社

はじめに

１９１４年、サラエボでセルビア人によりオーストリア皇太子が暗殺されると、オーストリア対セルビアの戦争が勃発する。オーストリアの同盟国だったドイツ帝国はすぐに参戦するが、戦前に温めていたプラン通り、無関係のベルギーに侵攻して宿敵フランスを攻撃する。これに双方の同盟国が参戦し大戦争となる。第一次世界大戦である。

この頃の戦場の花形は騎兵であり、圧倒的な速度で敵陣を突破していた。

しかし、第一次世界大戦は初めて大規模に近代兵器が投入された戦争でもある。機関銃の前では騎馬などただの的にすぎず、騎兵突撃になんの効果もなくなってしまう。やがて敵の銃砲の攻撃から身を守るために長大な塹壕が掘られ、膠着状態の中で延々と塹壕の奪い合いのために殺し合う、地獄の塹壕戦を戦うことになる。塹壕戦にカタをつけるための突破兵器として戦車が、上空から敵を偵察し、さらに敵中枢部を攻撃するために飛行機が発達し、機械による戦闘が戦争の勝敗を分けるようになる。

結局、この戦争はドイツ帝国が本来持つ国力を大きく逸脱したもので、あまりに無茶苦茶な死闘の強要と国内の疲弊にキール軍港で水兵の反乱が、ハンブルグでは労働者の暴動が発生し、革命を恐れたドイツ皇帝ヴィルヘルムⅡ世がオランダに亡命、ここにドイツ帝国は消滅し第一次世界大戦に敗北する。

ドイツに課せられたのは莫大な賠償金と軍備の制限だった。飛行機、戦車、潜水艦、毒ガスの保有だけでなく、銃や大砲の弾の数まで制限され、事実上戦争ができない状態に追い込まれる。これらは「ヴェルサイユ条約」によって決定されていた。

苦しいドイツ国民の生活は左翼の台頭を招いたが、左翼の過激派への反発から、かえって民族主義の右翼の台頭を招き、その中に若きアドルフ・ヒトラーがいた。不況が深刻化し国民が困窮するとヒトラーの支持者も増え、１９３０年には「国民（国家）社会主義ドイツ労働者党」ＮＳＤＡＰが議会の第二勢力になり、32年には最大議席を持つ第一党となる。このＮＳＤＡＰの蔑称が「ナチス」であり、党員が自らナチスを名乗ることはなかった。

やがてナチスは政敵を排するため、共産党に国会議事堂放火の主犯という濡れ衣を着せて共産党員を逮捕し、これまで汚れ仕事に使っていた「突撃隊ＳＡ」幹部を粛清。代わりにヒトラーの身辺警護部隊から始まる「親衛隊ＳＳ」がナチスの私兵として台頭し、やがて本来の国軍であるドイツ国防軍に匹敵する一大戦闘集団へと発展する。国防軍と武装ＳＳという二つの軍隊を持つことも、ナチス・ドイツの特異な側面を表している。

「強い大ドイツの復活」を主張するナチスは、彼らが高等人種だと信じる「アーリア人」の特徴を持つと認定した若者を武装ＳＳに入隊させる一方、「国費の無駄」として障がい者の安楽死計画を推進しようと図るなど、極端な全体主義政策を進め、これがのちにユダヤ人の絶滅計画に発展する。また、ヴェルサイユ条約を無視して再軍備を進め、ドイツ系住民が多いズデーテン地方の割譲を要求、さらには「東方生存圏」と称してソビエト圏内への侵攻を計画するなど、領土拡大の準備を進めた。

軍事技術の面では、ヒトラーの台頭前からドイツはヴェルサイユ条約すり抜け策を駆使して研究を進めていた。条約締結当時は有力な兵器とみなされず、ロケットの研究が禁止されずに自由にできたことは、ドイツのミサイル研究に有利に働いた。もともとドイツは世界でも指折りの技術先進国であり、ハイテク技術を駆使した兵器を作りだす能力を持っていたからだ。

使える資源、兵力が限られているのが当時のドイツの弱点だったが、１９３９年９月

1日、ポーランドに侵攻したのを皮切りに、短期決戦で周辺国を次々と屈服させていく。この計画は当初はうまく行っていたが、やがてその目算は、第一次世界大戦の時と同じように崩れることになる。

この本では、このようなドイツの置かれた状況を背景に、次々に作られた特殊な兵器について解説している。

単に性能のいい兵器を作っても、同性能の兵器を膨大な数生産してくるアメリカやソビエトに対抗できず、次第に奇矯な、やりすぎな、しかし現代にも通じる斬新で世界に先駆けた兵器を次々に生み出すことになるドイツ。

しかし、単純に「悪の独裁者ヒトラーと、それに心酔するマッドサイエンティストの群れ」が秘密兵器開発に邁進していたわけではない。兵器メーカーや航空機メーカーにも夢や葛藤があり、ナチスは好きではないがドイツを守るため新兵器開発に没頭する技師、あまりに純粋に機械好きだったため政治に無関心だった天才、自分の夢のためには独裁者も利用しようとした男など、そこには数々の物語がある。

そこにあるのは、やはり生身の人間のドラマなのである。

『ナチス・ドイツ「幻」の兵器大全』〜目次〜

第二章　世界を驚かせた「幻の超強力兵器」

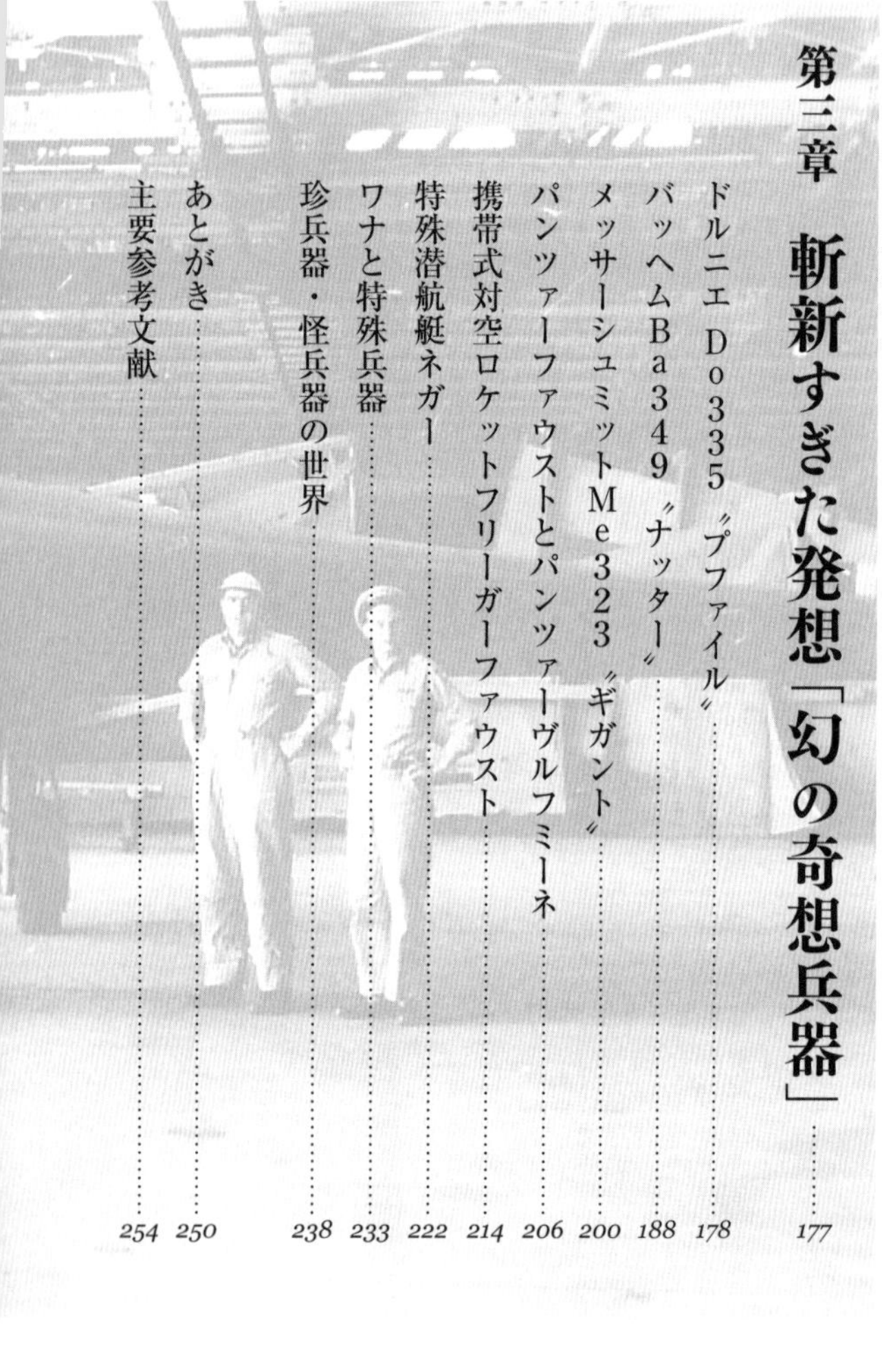

【第一章】先進的な機構

「幻の超技術兵器」

Nazi secret weapons 01

【天才技師が生み出した究極の電気戦車】

ポルシェティーガー

――VK4501(P)

ドイツ軍の危機

1941年、ソビエト侵攻作戦を断行したヒトラーだが、そこで思わぬ障害にぶち当たる。ソビエト軍の新鋭T-34戦車に対し、ドイツ軍の戦車がことごとく歯が立たないのである。

T-34は高性能エンジンに防御力の高い傾斜装甲、幅広の履帯《りたい》を履かせ、速度は速く走破性に優れ、防御力は高く構造は簡単で量産しやすいという、まさに万能戦車だった。対するドイツ軍の新鋭Ⅲ号戦車は機械としては凝っていて優れていたが、攻撃力はイマイチで、電撃戦における機動性を重視するあまり装甲が薄く、防御力が低かった。ド

ドイツ軍の前に立ちふさがったソ連の傑作戦車 T-34

イツ戦車といえば重装甲のイメージがあるが、戦争の初期の頃は高速での侵攻を重視していたこともあって、Ⅲ号とセットで運用される予定だったⅣ号戦車も初期型では装甲が薄く、敵の砲弾が命中すると跡形もなく粉々に吹き飛ぶことも多かった。

T-34に対抗できる戦車が緊急に必要になったドイツ軍では、イギリスやフランスの重装甲戦車にも苦戦していたこともあって、当時すでに進行していた強固な防御力と圧倒的な攻撃力を併せ持つ重戦車の開発をさらに促進させることになる。

この時、競作という形で設計を担当していたのが機械メーカーのヘンシェル社と、現在では高級スポーツカーで知られるポルシェで

採用されたヘンシェル案は、改良を施され「ティーガーⅠ」になった。

あった。試作重戦車はVK4501と命名され、ヘンシェル案は（H）ポルシェ案は（P）と記号がつけられた。

結論から言えば、後に採用されたのは「VK4501（H）」、すなわちヘンシェル案だった。

この案に基づき開発された戦車はⅥ号戦車〝ティーガー（虎）〟となり、その攻撃力と防御力で敵戦車を圧倒、無敵戦車伝説を作ることになる。

しかし、ティーガーには「部品が故障しやすい」という欠点があり、これが後々まで運用の足を引っ張ることになる。ティーガーは車重が57トンもあるイカつい重戦車だったがやけに繊細で、エンジンの回転数が低すぎて

フェルジナント・ポルシェ（左）とフォルクスワーゲン　ビートル（右）

は動かず、高すぎるとすぐに故障するなど繊細な運転が必要だった。

また、ハンドルを回すことで曲がる側の履帯を二段階に減速させる機構のおかげで、方向転換の操作は片手でできたが、時計のような精密な歯車を組み合わせた機構で重戦車を走らせたため、常に破損の心配が尽きなかった。

ヘンシェル案はこれらの弱点が出るのを承知の上で、手堅い既存の技術にこだわり、「結局未完成に終わる」というリスクを回避した。このヘンシェルティーガーを故障しないように運用する方法は「丁寧に扱う」という以外なかったのである。

一方、重戦車の弱点になりそうな変速機の問題を一気に解決しようとしたのが、ＶＫ４５０１（Ｐ）、すなわちポルシェ案である。

ポルシェの主任技師にして創業者のフェルディナンド・ポルシェはヒトラーお気に入りの自動車技師で、1933年にヒトラー肝いりの「国民車構想」のために、自動車の歴史に残る空前の傑作といわれた「フォルクスワーゲン　ビートル」を設計するなど、その才能を遺憾なく発揮していた。

ポルシェは現場叩き上げの技師だったが、業績があまりに突出していたため名誉博士号を授与されている。そのため正式な学位を持っていなかったにもかかわらず、ポルシェ博士と呼ばれるほどだった。

ちなみにポルシェはメカのことしか頭にない純粋な技術者で、政治に無関心でヒトラーの思想には興味がなく、好きなようにスーパーマシンを作らせてくれるありがたいパトロンくらいにしか思っていなかったようである。当時としては、むしろアメリカ人のヘンリー・フォード（フォード・モーターの創業者）の方が激しい反ユダヤ主義者だった（戦争が始まるまではドイツのナチス党支持者でもあった）のが皮肉である。

ポルシェは最初の構想の時点ですでに、重戦車に繊細な歯車を組み合わせた変速機を使うことを危惧していた。そのようなもの、ちょっと強い力が加わっただけで簡単に破損してしまうではないか。

ポルシェが20世紀初頭にてがけた電気自動車「ローナー・ポルシェ」

電気戦車誕生！

ポルシェは若き頃、電気自動車の設計を手がけたことがあった。

ローナーというメーカーでのことである。このマシンはレースで優勝するほどの出来映えだった。ポルシェはさらに、当時の重くてすぐに消耗する電池の代わりに、小型の発電用エンジンと電池、モーターからなるハイブリッド車を作り上げる（このように内燃機関で充電しながら電動モーターで走る仕組みを「シリーズハイブリッド」という）。

これらは当時としては画期的な高速マシンだったが、変速機がないぶん構造はむしろ簡素だった。電動モーターはガソリンエンジンと異なり回転数が低くてもトルクがあり、回転数の変更も回転の逆転もスイッチ操作でできてしまうため、変速機周りが大幅に簡略化できるのである。

そこでポルシェが新型戦車に採用したのが、変速機をなくして代わりに電動モーター駆動にしてしまうというアイデアである。通常の戦車ではエンジンの回転を変速機に伝え、変速機から出た回転力で起動輪を回して履帯を回転させる。このため繊細な変速機に過大な負担がかかりがちだった。

ポルシェ案ではまずエンジンで発電機を回し、発電した電気で左右の起動輪に直結した駆動用モーターを直接回す。モーターの回転は抵抗器とスイッチで簡単にコントロールできるので、複雑な変速機が不要なのだ。

この方式を「ガス・エレクトリック方式」といい、ディーゼルエンジンと組み合わせた「ディーゼル・エレクトリック方式」とともに現在では鉄道の機関車などに広く使われている。エンジンで発電しながら運行することで、架線がない線路でも操作が簡単で扱いやすい電動モーターの利点がそのまま活かせるわけだ。戦車の操縦にしても同じで、ただ変速しようとするだけでクラッチを破損するような車種が普通にあった当時、ラジ

テストタワーを搭載して走行試験を行なうVK4501（P）

コンカーのように操縦できるガス・エレクトリック方式は実現できればかなりの負担軽減になるはずだった。

ポルシェ案のVK4501（P）〝ポルシェティーガー〟は新型の8・8センチ戦車砲を搭載することや最大10センチ厚の装甲板で防御されることも決定しており、完成すれば攻撃力、防御力、機動性を高いレベルで併せ持つ、未来から来たスーパー戦車になるはずだった。

つきまとう現実

だが、ポルシェティーガーの開発は遅々として進まなかった。理論上は素晴らしい性能を発揮するはずなのだが、それを実現しようとした際に次から次へと際限なく問題が出てきた。

まず、通常の戦車なら機関室にエンジンと冷却装置、燃料タンクを収めればいいところ（変速機は車体前部にある）が、ガス・エレクトリックのポルシェティーガーの場合は、発電用エンジンと発電機、駆動用モーターとそれらの冷却装置および燃料タンクを収める必要があった。そのため機関室は大型化し、砲塔を前寄りに設置しなければならなくなった。肝心の発電を担うポルシェ製ツインエンジンは冷却がうまくいかず、全力で発電しようとするとオーバーヒートを起こした。駆動用モーターはパワー不足で、期待したほど馬力が出なかった。

過大な車重を支えるのは、ポルシェご自慢の縦置きトーションバー（ねじり棒バネ）式サスペンションであったが、ここにも問題があった。

トーションバー式サスは名前の通り金属の棒にねじるような力を加え、それが戻ろうとする力を使って衝撃を吸収するサスペンションだが、通常、スイングアームのストロークを長く取るには棒バネ自体も長くして車内の床下に並べなければいけない。これは走行性能がよくなる反面、車内のスペースは取るし整備の手間もかかり、床下に転覆

問題続きだったポルシェティーガー。完成車は数えるほどしか作られなかった。

時の脱出口を設けられないという欠点もあった。

ポルシェが考案したトーションバー式サスは、ねじり棒バネ自体をスイングアームの中に埋め込み、スイングアームが動くとそのぶん内部のねじり棒バネがねじれて衝撃を吸収する構造にしたものだった。これで床下に埋設することなく、トーションバーを車外に外付けにできる。

しかし、これも理屈通りにいかなかった。バネの粘りが足りず、すぐにへたってしまうのである。また、発電機とモーターから発生する電磁的なノイズは無線機に悪影響を与えたという。貴重な戦略物資である銅がモーターの生産に大量に必要になるのも、電気戦車ポルシェティーガーの欠点だった。ポルシェティーガーは新機軸の設計を惜しみなく注いだ結果、車体のあらゆる部分が不具合の洗い出しが終わっていないパーツの塊になるという、とんでもない状態に陥っていたのである。

このため走行試験では走るだけで煙を噴き、泥濘《ぬかるみ》に埋まり動けなくなった。試験などに使う初期生産車両の組み立ても遅れ始め、ついにはライバルのヘンシェルティーガーとの競作で敗れてしまうのである。

怪物として復活

実はこの時ポルシェティーガーの車体及び部品はすでに100両分も生産されていた。重戦車の需要が逼迫していたため、直ちに配備できるよう正式採用前から量産のGOサインが出ていたのである。

しかし、当然まともに完成しなかった戦車を量産するわけにはいかない。結局、完成していた車両のうちいくつかは試験などに使い、部品のうち砲塔はヘンシェルティーガーに回すことになる。問題はそれでも残った90両分の部品である。

強力兵器へと生まれ変わったフェルディナント／エレファント

1942年9月、余り物の廃物利用としてポルシェティーガーの車体を改造した対戦車用の自走砲を新たに生産することになり、これをヒトラーは「フェルディナント」と命名した（のちに小改造を受けた際にエレファントと改名される）。

フェルディナントはガス・エレクトリックや特殊な縦置きトーションバーなどの基本コンセプトはそのままに、発電用エンジンを信頼性の高いマイバッハ製に交換、機関室を車体後部から前部に、逆に人が乗り込む戦闘室を後部に移して、分厚い装甲板で覆った。前面装甲はもともと10センチもの厚さがあったのに、さらに10センチの装甲板を上から重ねて設置して20センチ厚という前代未聞のものとなり、搭載された砲は強烈な貫通力を誇る口径8・8センチの長砲身PaK43であった。この砲は2キロメートル先に装甲厚13センチの戦車がいても一撃で撃破可能というとんでもない代物で、事実上当時のすべての敵戦車を撃破可能だった。

フェルディナントは「親」であるポルシェティーガー同様の問題も抱えていた。遅い速度や消耗の激しい足回りである。

しかし、実際に運用すると改良の成果もあって思いのほか問題は少なく、乗り込んだ兵士の評判も悪くなかったようである。それどころか、こと戦闘能力だけに限ればすべてを攻撃力と防御力に振り切ったような設計のおかげで、怪物的な戦果を挙げる。

平原での大戦車戦となったクルスクの戦いでは、フェルディナントを擁する第653重戦車駆逐大隊は、なんとわずか4週間ほどの間に敵戦車502両、対戦車砲20門、野砲100門を撃破するという大戦果を挙げている。主砲の射程距離が長く防御力も高いフェルディナントは、敵の有効射程の外から一方的に攻撃できてしまうのである。フェルディナントを倒すには、本来は陣地を攻撃するような大口径の野砲の攻撃を直接当てる必要があった。しかし、野砲は本来動き回る目標を狙う兵器ではないので、簡単には命中させることはできなかった。

超重戦車マウス。周囲の人々と比べると大きさがよくわかる。

一方で、フェルディナントはその重武装が弱点にもなった。

車重はティーガーの頃よりさらに重く65トン、故障したり泥にはまり込んだりした際に回収する方法がない場合が多かったのである。例えば戦場に向かう最中に道路脇にはまり込んで回収不能に陥り、まだ戦ってもいないのに敵の手に渡らぬよう爆破処分しなければならない車両さえあった。

戦場では地雷が敵となった。地雷で履帯や転輪を破壊されると、回収すれば修理できるような程度の損傷でも、重いフェルディナントは動かせないため、やむを得ず爆破処分しなければならなかった。

第653重戦車駆逐大隊は右記の戦果と

引き換えに39両を失っている。敵戦車との正面きっての殴り合いなら無敵だが故障等で失われる車体も多く、じわじわと消耗していった。もともとが廃物利用の車両のため増産もされず、戦争を生き延びた車両は、わずか2両に過ぎなかったという。

ちなみに、ポルシェはポルシェティーガーの失敗にまったくめげず、同じガス・エレクトリック方式で駆動する戦車を試作している。

世界で最も重い戦車、「超重戦車マウス」である。

その重さ約188トン。しかしマウスもほぼ試作のみに終わっている。これまたフェルディナントと同じく、走らせると意外と動けたが、やはり自重が原因で走行不能に陥りやすかったようである。

フェルディナントに改造されなかったポルシェティーガーのうち、おそらく1両か2両が前線指揮のための指揮戦車として大隊に配備されていた模様だが、どのような活躍をしたのか詳細はよくわからない。

Nazi secret weapons 02

【敵機を墜とす地対空ミサイルの誕生】

報復兵器2号A4とヴァッサーファル

——Aggregat 4, Wasserfall

ドイツとロケット

ヴェルサイユ条約によって新兵器の開発が事実上禁止されたドイツだったが、小さな盲点があった。将来有望な兵器となる可能性を秘めながら、禁止されなかった物があったのである。それはロケットだった。火砲の研究は制限されたが、ロケット開発は特に制限を受けず、自由に研究できた。その中で、1人の青年が頭角を現していく。

その名はヴェルナー・フォン・ブラウン。のちにアメリカに渡りアポロ計画で人類を月に送り込む男である。しかし、当時はまだ宇宙旅行実現を夢見る、無名の青年研究家に過ぎなかった。

ドイツに「宇宙旅行協会」が設立されたのは1927年、そこで小規模なロケットの研究が行われていたが、ドイツ軍はロケットを兵器として使うために研究の実態を調査、有用と見るやクーマンスドルフ兵器実験場を宇宙旅行協会に開放して研究を促進、同時にフォン・ブラウンをはじめとする優秀な若手を陸軍で雇用して研究を続けさせた。

莫大な費用がかかるロケット研究は民間では自ずと限界がある。これはフォン・ブラウンにとっても渡りに船だった。もっとも、フォン・ブラウンの目的はあくまで宇宙旅行であり、兵器開発は研究を前進させるための「お仕事」のようなものだった。

超兵器A4の開発

フォン・ブラウンはA1、A2と実験用ロケットの開発に次々と成功し、より進化したA3ロケットの開発に着手し、その研究施設を人口が少なく秘匿しやすいドイツ北部のウーゼドム島のペーネミュンデに置くことになった。

A3まではあくまで実験機であったが、改良すれば爆薬を詰めた弾頭を装着して飛行

フォン・ブラウン（右上）とペーネミュンデ陸軍兵器研究所

できる能力を持っており、実戦配備型の「A4」の開発計画が持ち上がる。まず誘導装置の実験用にA5ロケットを開発し、A3とA5の技術的蓄積をA4ロケットに盛り込む、というのが計画だった。予定通りにいけば、狙ったターゲットに向かって誘導できる爆薬を搭載したロケット、すなわち大陸間弾道ミサイルが完成するはずだった。

ところが、A4の開発も半ばの1940年にヒトラーが「1年以内に開発完了の見込みのない兵器の研究を禁止する」という命令を出す。これによりA4の開発も滞ったが、幸いというべきか、新たに軍需大臣になったアルベルト・シュペーアが新兵器としてのロケットに強い関心を示しており、A4の開発は再び順調に進み始める。１９４３年には２１０キロメートル以上飛行して目標の４キロメートル以内に着弾する性能にまでなっていた。

発射実験の映像を観た（実際に発射実験を見学したともいわれる）ヒトラーはその可能性に興奮、直ちに大量生産を命じ、ナチス党はこれを報復兵器2号「Ｖ２」と命名した。

Ａ４は現代の中距離弾道ミサイルに匹敵する性能があり、今から70年以上前に作られたことを考えると、まさに驚異的な兵器である。Ａ４は打ち上げられると地上の計算機と機体のジャイロセンサによる誘導装置の指示によって角度と高度をコントロールしながら大気圏外まで飛翔、着弾地点への照準が完了すると燃料を送り出すタンクの弁が閉じ、宇宙から地上の目標に向けて真っ逆さまに突入する。最大速度は時速２９００キロメートル、当時存在したあらゆる戦闘機、対空兵器でもまったく迎撃不可能で、現代の迎撃ミサイルでも撃ち落とすのは困難という速度で飛来した。

狙われた方からすれば何の前触れもなく、突然、街中で爆発が起きるようなものである。Ａ４に狙われたロンドンの市民は恐怖に震える日々を過ごさねばならなかった。連合軍がＡ４から市民を守るには発射基地を潰すしかなかった。連合軍は秘匿された発射基地を必死に探し回った。Ａ４の発射基地は味方にすら極秘にされており、基地上空に

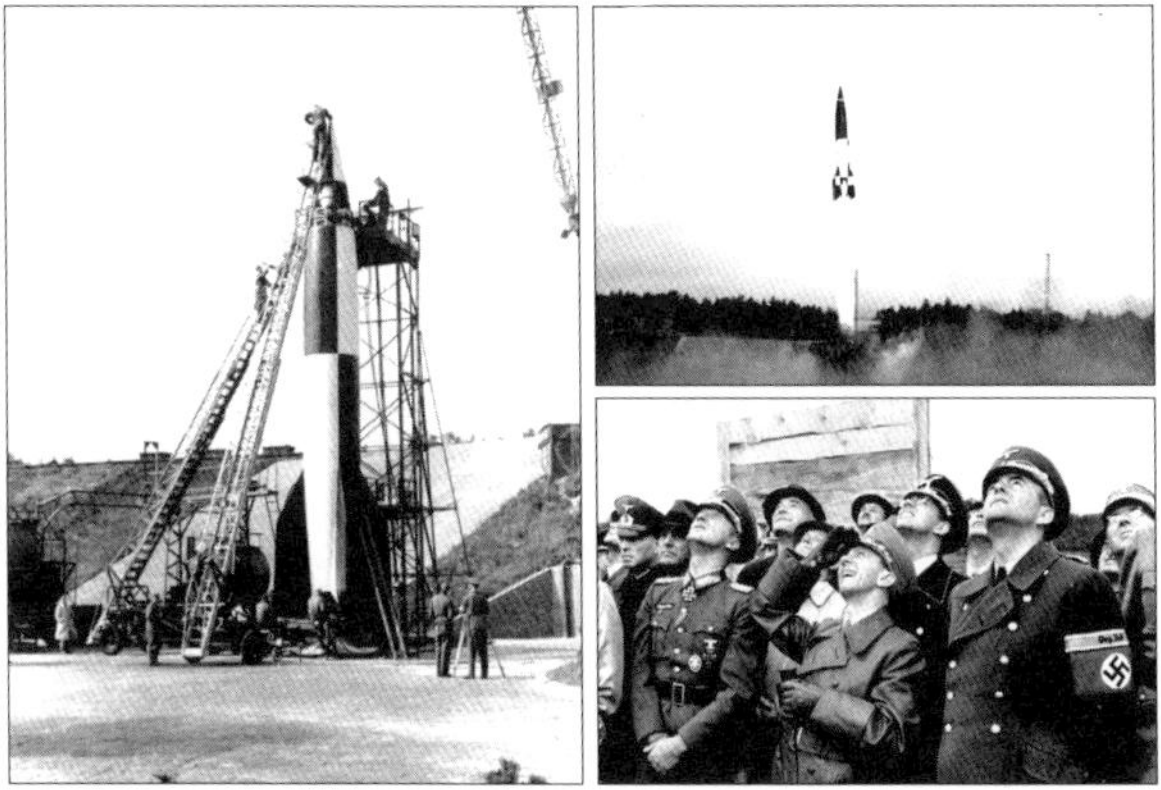

左は報復兵器２号「V2」。右上は発射されるV2。右下はV2の発射を見学するナチス軍需大臣シュペーア（右）と宣伝大臣ヨーゼフ・ゲッベルス（中央）。

飛来した味方まで撃ち落としたというエピソードがある。

　しかし、一度発見されてしまえば防御にも限界があり、どんなに分厚くコンクリートで防御しても、イギリス軍のグランドスラム（地震爆弾）などの強力な攻撃で爆破されてしまう。

　そこでドイツ軍は基地を防御するのではなく、発射設備一式を移動可能にするという対策を講じた。Ａ４の機動発射基地はミサイルと発射台を輸送するトレーラーを中心に、燃料を運ぶ燃料車や電気を供給する車両、指揮を行う車両、人員を輸送する車両など30両以上で構成され、この部隊が発射ごとに移動し、森の中に隠れるなど

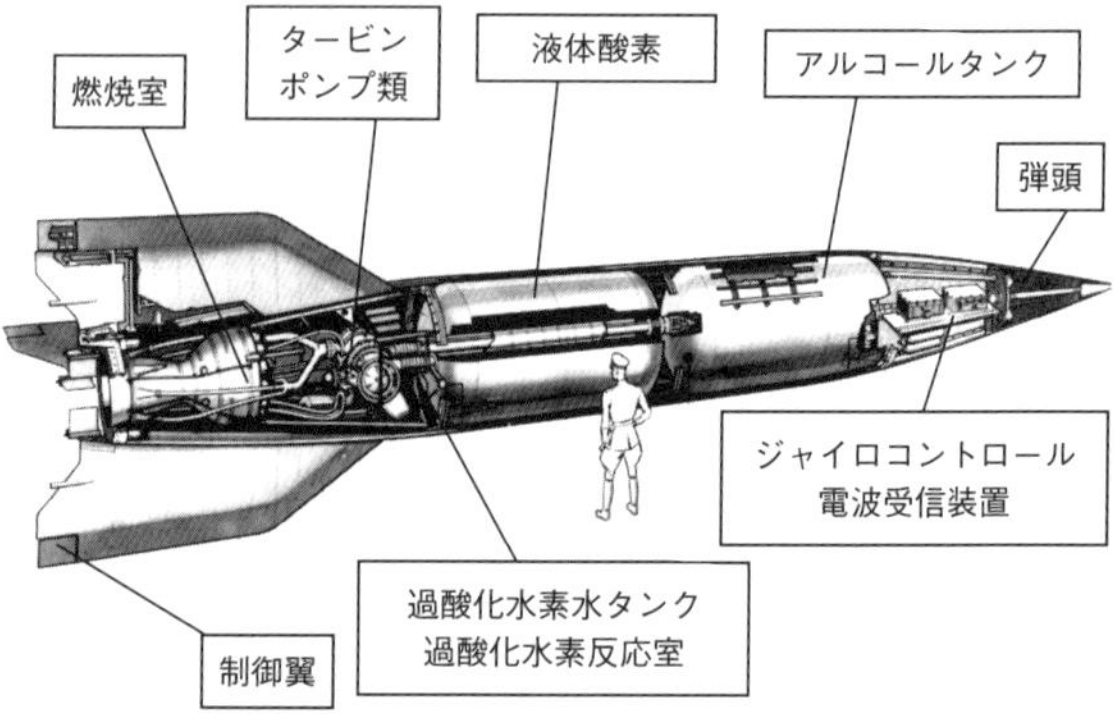

V2の解剖図

して連合軍の攻撃をかわしていった。弾道ミサイルを車両に積んで常に移動することで行方をくらます戦法は現代の弾道ミサイルでも使われており、かなり先進的なやり方で戦っていたのである。

ただし、A4には爆薬量が少ないという欠点があった。搭載できる爆薬は約1トン。重爆撃機1機で5トン～10トン前後の爆弾が運べ、しかも数百機の大編隊で爆撃が可能であることを考えると、ロケット1基を打ち上げ、使い捨てにし、ようやく重爆撃機1機の数分の1の攻撃しかできないということになる。

とはいえ、A4の攻撃では1万人近い死傷者が出ている。フォン・ブラウンが「ロケットは完璧だったが、間違った惑星に着陸した」と漏らした、というエピソードが伝わっている。

地対空ミサイルC2ヴァッサーファル

さて、まだA2の発射実験を行なっていた頃、それを見学に陸軍と空軍の高官がやってきていた。高官たちはロケットに大きな関心を抱いたが、その当時はまだ実験機の段階に過ぎず、特に何か計画が持ち上がることはなかった。

しかし、1942年に入ると連合国の爆撃機がドイツに現れて爆撃をするようになり、しかも爆撃機の性能も向上して、高射砲の砲弾が届かない高空を飛行するようになりつつあった。高射砲というのは要するに大砲を上に向けて、上空に砲弾を打ち上げる兵器である。飛行機は構造が華奢なので、至近で砲弾が爆発し爆風と破片が高速で当たると破壊されてしまうのだ。しかし、その砲弾も機体に届かなければ花火にすぎない。

高射砲部隊の指揮官だったアクセレム中将は危機感を募らせ、ミサイルを小型化し、上空の爆撃機に向けて発射する新兵器の開発を提言、空軍内でも対空誘導兵器が必要であるという認識で一致しており、高射砲も届かない高空の爆撃機を撃ち落とすため、A

４を小型化した対空ミサイルの開発が決定する。

このミサイルは「Ｃ２〝ヴァッサーファル（滝）〟」と呼ばれた。

ロケットはその気になれば宇宙まで到達できるのだから、敵爆撃機まで届かないなどという心配をする必要はない。もっとも、対空ミサイルとしては大気圏外まで飛ぶ必要はないので、機体もＡ４ほどの大きさはいらなかった。全長は８・９メートル（タイプにより異なる）、搭載できる爆薬は３００キログラムほどだった。

問題は誘導システムである。Ａ４の主目標であるロンドンは、当たり前だが空を飛んだりはしない。しかし、このヴァッサーファルの目標は遥か上空を飛んでいる爆撃機であり、生半可な誘導システムでは命中させるのはまず無理である。

計画では操縦手がジョイスティックでリモコン操縦するが、目視では精度に限界がある。そのため、ヴァッサーファルは対空レーダーからの信号を元に地上の計算機で目標の方向を確定し、レーダー画面を見ながらミサイルを誘導、目標上空まで到達したら降下しながら超音速で目標の爆撃機編隊に突入する。時速６００キロメートル前後で飛行する爆撃機はこれを回避したり、機銃で撃ち落とすなどの反撃はまったく不可能だった。

最終的に誰でも簡単に操作できるシステムを完成させるのが目標だったようだが、超

発射されるC2〝ヴァッサーファル〟

音速のミサイルを人の手でリモコン操作するのは難しく、ゆくゆくはレーダーによる自動誘導や赤外線追尾方式にする計画だったようだ。

高すぎた現実の壁

しかしこれらはあくまで計画にすぎず、このような対空ミサイルを作るのは現実には困難だった。何しろ時速600キロメートルの目標に超音速のミサイルを命中させる誘導装置の開発は難しく、本格的に発射試験が始まったのが敗戦も間近の1944年だったため、時間もなかった。打ち上げ試験を繰り返す中でロケット本体の性能は安定してきていたが、その頃にはもう連合軍の爆撃が激化しており、完成したところでそれを大量生産する手段はなかった。

結局、ヴァッサーファルは開発が間に合わず、実戦配備はされていない。試作機を敵に向けて発射した可能性はあるが、詳細は不明である。

ドイツ敗戦後すぐに乗り込んできたアメリカ軍は、この革新的な兵器システムに驚き、早速関係した技術者、パーツ類、報告書などを捕獲している。これらを持ち帰ったアメリカ軍は、ヴァッサーファルが目指した完成形といえるナイキミサイルの開発、配備に成功している（ナイキとは勝利の女神ニケのこと）。これが現代に続く地対空誘導弾の元祖となった。レーダーで捕捉した目標に自動的に食らいつき、撃墜するナイキミサイルの完成度を考えると、これがもし戦時中のドイツで完成していれば、連合軍の戦略爆撃は大幅な見直しを迫られた可能性がある。

ただし、戦争の初期段階で「我が軍は勝っているのだから防御用の兵器など不要である」として、国土防衛用の新兵器開発の許可を出さなかったのはヒトラー本人であり、負け始めてから準備をしても手遅れになるのは当然であった。

Nazi secret weapons 03

【ついに花開かなかった人類最速戦闘機】

ハインケルHe176実験機

—Heinkel He 176

ロケットエンジン開発史

ロケットというと最先端科学の象徴のような言葉の響きがあるが、それは細かい制御が難しいからで、単純に物を空に飛ばす手段としてはそれなりに長い歴史がある。

現代の日本でも「龍勢《りゅうせい》」と呼ばれる火薬を詰めた筒を打ち上げる祭りが行われているが、戦国時代には狼煙のような通信手段として龍勢を打ち上げていたようである。要するに火薬に火をつけて、爆風を吹き出して飛んでいるだけなので、製作にハイテク技術が必要なわけではない。

飛行機の歴史が始まった初期の頃には、高速化を目指してロケットエンジンを搭載した実験機がいくつか作られている。そして、そのすべてが失敗に終わっている。

当時使われたのは固体燃料を筒に詰めた「固体燃料ロケット」で、大型のロケット花火のようなものだった。固体燃料ロケットエンジンは一度点火すると燃焼するに任せるしかなく、燃焼のオンオフや出力をコントロールする手段がほぼないため、打ちっ放しのロケット弾などの兵器にはむくが、有人機の動力にするには危険すぎたのである。

ちゃんと「操縦」するには、別々のタンクに積んだ2種の推進用の薬剤を適宜、反応室で混ぜて燃焼させる「液体燃料ロケット」が必要だったが、こちらは非常に高度な技術が必要で、飛行機云々以前にエンジンを作ることからして困難だった。

1920～30年代のドイツでは、主に二つのグループが液体燃料ロケットの研究をしていた。宇宙ロケットの実用化を目指すヴェルナー・フォン・ブラウン（26ページ）と、キールの港で魚雷用エンジンを研究していたヘルムート・ヴァルター技師である。

ヴァルターの魚雷エンジンは、本来、飛行機とは何も関係がないものである。しかし、技術的に航空機用エンジンに応用可能な部分があった。魚雷用エンジンは当然ながら水中を進むため、燃料の燃焼に必要な酸素を外から取り入れることができない。普通の

液体燃料ロケットを初めて開発したのは、アメリカの発明家ロバート・ゴダードとされる。ゴダードは1926年に人間の腕くらいの大きさの液体燃料ロケット〝ネル〟の打ち上げに成功。2.5秒間で約12メートル上昇させた。その後もゴダードはロケット開発の研究を続け、現在ではその功績を讃え、「ロケットの父」とも称される。

魚雷はそもそも燃焼不要な電池式にしたり、ボンベに空気を詰めたりしていた。

ヴァルターの発明した「ヴァルター機関」は、過酸化水素に反応を起こさせ、発生した高温高圧の水蒸気でタービンを回転させる、もしくは反応の過程で発生した酸素を燃焼させてスクリューを回す装置で、排気ガスである水蒸気は機外に排出しても海水に溶けるため泡の航跡が残らず、回避しにくい優れた魚雷になるはずだった。その過酸化水素燃料で発生した高温高圧の水蒸気を、タービンの回転ではなくそのまま推進力として吹き出せば、空気中では飛行機を飛ばすのに十分な推力が出るのである。

後にこの研究に着目したドイツ国立航空

試験所により、ヴァルターは飛行機の挙動実験と離陸を助ける補助ロケットとして小型のロケットの試作を依頼される。この実験が首尾よく成功を収めたため、ヴァルターは専門家として援助を受けつつ、さらに研究に没頭できるようになった。

ロケット機の誕生！

その頃、航空機メーカー、ハインケル社のエルンスト・ハインケル社長は、はやる気持ちを抑えきれずにいた。時はまさに飛行機開発の青年期ともいえる時代、毎年のように種々の記録が更新されていた。

ハインケル社長は「世界最速の飛行機」という称号が欲しくてたまらなかった。そこで時速1000キロメートルを超える高速機を開発し、その夢を実現しようと動き始める。実際、すでに記録挑戦用のプロペラ機He100を開発中であり、この機体は1年半後、時速746キロメートルという当時としてはかなりの高速を記録する。

しかし、He100では目標の時速1000キロメートルが出ないことはわかっていた。そこでハインケル社長は、噂の新型エンジンを検分するためフォン・ブラウンと

エルンスト・ハインケル（右上）と最速機を目指して開発されていたHe100

ヴァルター技師に接触、その将来性を見抜き、両者に機体の提供と開発の協力を要請する。

フォン・ブラウンのチームは完成した実験用のロケットエンジンをハインケルのプロペラ機に搭載して飛ばす実験を繰り返し、1937年6月にはロケットの推力だけで飛行して着陸することに成功した。

しかしこの実験は、結局、高速戦闘機にはつながらなかった。過酸化水素を使うヴァルターロケットと違い、フォン・ブラウンのロケットは液体酸素を搭載して燃料を燃やす方式だったが、当時は液体酸素が入手しにくかったのも原因だと考えられている。フォン・ブラウンはその後、世界初の弾道ミサイル「報復兵器2号」A4（V2）ロケットを完成させることになる。

ハインケルはあくまで計画を推進し、本格的な高速実験及び記録用の機体「He176」の開発をスタートさせる。この計画はハインケル社長個人の願望が形になったもので、ドイツ軍とは関係がないものだった。だが、新型機の実験を航空省に報告する必要があったため、「He176」の番号が与えられた。航空省の役人はこれが高速戦闘機になるとは考えておらず、一時的な加速装置の実験ぐらいにしか見ていなかった。

He176の機体は、完成すると実験場があるペーネミュンデに運ばれた。

外見はかなりシンプルでつるんとしており、目立った特徴が少ない機体だった。ロケット機であるHe176には、プロペラもなければジェット機のような空気取り入れ口もない。機体の尾部に開いた小さな噴射孔があるだけたった。そのためHe176の胴体は窓のついた紡錘形《ぼうすいけい》の筒としか言いようがない形状をしていた。

実験機は1号機と2号機が計画され、まずは飛行自体が目的の、比較的低速の1号機が作られた。機体には固定式の着陸脚が取り付けられた。主翼は幾分特徴的で、形状は当時のレシプロ戦闘機によく見られる楕円翼だったが、極端に短く、胴体の全長5・2メートルに対して、翼の端から端まで5メートルしかなかった。

異様に短い主翼が特徴的な、実験ロケット機「He176」

戦後の超音速実験機の多くが短い翼であり、その方が高速飛行時に抵抗が少なく選択としては正しいのだが、そのミサイルとプロペラ機を混ぜたような奇妙な姿はとても最先端の高速実験機とは思えない。

最初の飛行実験では、加速力ばかり強くて機体が浮き上がらないという欠陥が発見された。さすがに翼の面積が足りず、機体を支えるほどの揚力が発生しなかったのだ。また、搭載されていたロケットエンジンには出力を増減させる仕組みがなく、噴射か停止、つまり全速力か推力なしのどちらかしか選べないため、加速してはエンジンを切る、加速してはエンジンを切るという厄介な操縦をしなければならなかった。

それでも1939年には諸々の改良が終わり、2回目の試験飛行では時速270キロメートルとプロペラ機より遅かったが、50秒間飛行して着陸することに成功している。

認められない将来性

次の飛行試験は正念場だった。空軍総司令ヘルマン・ゲーリングの代理人エアハルト・ミルヒと、航空省のエルンスト・ウーデット局長が実機の検分のために視察に来るのである。ハインケル社長とロケット機の専属テストパイロットのエーリヒ・ワルジッツの意気込みは大変なものだった。ドイツ空軍内でもロケット機の圧倒的な速度と上昇力は、敵爆撃機を迎え撃つのに有効なのではないかという意見が出始めていた。このテスト飛行次第で、制式化への道が開かれる可能性があった。

しかし、ウーデットはロケット機の将来性に無関心で、He176を一目見るなり、「君！　アレで飛ぶつもりか？　翼がないじゃないか！」と一喝。それでも専属パイロットのワルジッツは、この厄介な機体を首尾よく飛行させ、見事に着陸させてみせたが、ウーデットの怒りは収まらない。第一次世界大戦から歴戦のパイロットで鳴らしたウーデットであったが、それゆえにロケットなどの先進工学を受け入れられなかったのかもしれない。開戦目前のこの時期に、重要な航空機メーカーであるハインケルが実用性皆無に見えるオモチャで遊んでいるように見えたのだろう。

飛行試験は成功にもかかわらず、ウーデット局長はHe176の飛行禁止令を出す。これにはハインケルもワルジッツも落胆した。納得できないハインケルは、ベルリンまで抗議に向かうが、色よい返事はもらえなかった。が、ウーデットから、総統の御前なら飛行してもよい、という提案をされる。

エルンスト・ウーデット

航空省としては新兵器好きのヒトラーに、革新的な研究にも邁進しているというアピールをする必要があった。そこで、革新性がわかりやすいHe176に白羽の矢が立ったというわけだ。

ハインケルとワルジッツはそこに賭けることにした。ヒトラーの御前飛行なら、空軍総司令のゲーリングにもHe176の飛行を見せることができる。ヒトラーとゲーリングに気に入られれば、もはや自分たちの研究にケチをつける者はいないはずだ。

そしてその御前飛行は、見事成功に終わる。ワルジッツは単に会場を周回して見せるだけでなく、推力を切っての低空飛行から、エンジン全開で急上昇し上空に舞い上がって見せるなど、ロケット機の特性を余すところなく披露した。

だが、状況は思ったほどは好転しなかった。

ヒトラーもゲーリングも何かしらの感銘を受けたようだが、積極的に支援するようなことはなかった。あるいは、まさに開戦直前の時期に、実用化に何年もかかるかもしれない未来の迎撃機より、今まさに数を揃えなければならない戦闘機、爆撃機の方がより重要と考えていたのかもしれない。

結局、Ｈｅ１７６の命運はそこで尽きることになる。お偉いさんに睨まれ、政府首脳からも関心を持たれないとなると、もはやどうすることもできなかった。

Ｈｅ１７６は「世界で初めて飛行に成功した有人液体燃料ロケット機」という表面的な名声だけ携えて博物館に送られ、のちの開戦後に爆撃により焼失している。より高性能で本格的な実験機だったＨｅ１７６第２号機の製作も凍結されてしまった。

リピッシュ博士が開発したロケットエンジン搭載のDFS194グライダー

ロケット機の運命

結局実用機としては何もできなかったHe176だが、空軍内部や技師にロケット機配備への賛同者を残すことはできた。また、フォン・ブラウンやヴァルター技師はロケットエンジンの研究自体は進めていた。しかし、ロケットエンジンを迎撃用の戦闘機に載せるというアイデアは冷遇され続けていた。

同じ頃、航空機開発の鬼才、アレクサンダー・リピッシュ博士は、自身が開発した無尾翼グライダーの動力としてロケットエンジンを搭載する計画を立てていた。自分の自慢の機体に、高出力のヴァルターロケットを載せようというのである。

この計画で誕生したDFS194グライダーは1940年、試験飛行で大方の予想を超える性能を披露して見せた。DFS194は改良されてロケット迎撃機の試作機であるメッサーシュミットMe163A、そして実用機であるMe163Bとなる。実力を見せても冷遇され続けたHe176と、結果を出せば引き立てられたMe163の違いは、一つにはメッサーシュミットの方がナチス政権に「顔が利いた」ことや、戦況を鑑みて迎撃戦闘機の必要が差し迫る可能性があったこと、そしてHe176の見せた可能性に一目置く者が空軍内にいたことなどが考えられる。

また、ウーデット局長もMe163開発には協力を惜しまなかったといわれるが、これが政治的な立場によるものなのかどうか、今はもうわからない。DFS194グライダーのテストを見学し、その驚異的な滑空性能に感銘を受けたという説もある。

エルンスト・ウーデットは生粋の戦闘機乗りで第一次大戦のエースだったが、役人としては無能だったともいわれており、1941年に自殺を遂げている。

Me163は1944年には実戦配備された。最高で時速1000キロメートルを超える圧倒的な高速は進出してきたアメリカ軍のパイロットたちを恐れさせたが、Me163は速度以外ことごとく問題を抱えた戦闘機だった。

DFS194をもとに開発された試作機 Me163A

実戦配備された Me163B。トラブルの多い機体だった。

まずとにかく爆発しやすく、事故が頻発した。また速度が速いわりに搭載機関砲の連射が遅く、短いチャンス（3秒ほどしかなかったともされる）に正確に射撃するのは困難だった。着陸脚がなく、離陸は車輪付き台車に載せて滑走、着陸時は胴体底部のソリで着陸という、グライダーそのままの状況だった。このため離着陸時に少しでも横風が吹くと転倒の危険があり、燃料が入っていればそのまま爆発四散の危険があった。また、燃料の生産が追いつかず、機体を生産しても結局飛べないという有様だった。

Ｍｅ１６３は結局のところ完成された戦闘システムではなく、連合国軍の爆撃機を迎え撃つ必要性に迫られるあまり、無理に実戦に持ってこられたという印象が強い。それならば、先行していたハインケルＨｅ１７６の研究開発を邪険に扱ったりせず、しっかり援助していれば、もう少しマシなロケット迎撃機を配備できたのではないだろうか。

ちなみにいよいよ追い詰められた１９４４年には、敵爆撃機編隊に向けて垂直にロケット機を打ち上げて攻撃するという仕様要求が出され、その一つとしてハインケル「ユーリア」に開発のゴーサインが出ている。

しかし、突然そのような「色物」の開発をしてもうまくいくわけがない。詳しくは「バッヘムＢａ３４９〝ナッター〟」の項（１８８ページ参照）で述べるとしよう。

Nazi secret weapons 04

【機械の猛禽、夜空に飛翔せり！】

リヒテンシュタインレーダーと夜間戦闘機

――FuG 202 "Lichtenstein"

爆撃機の誕生

第一次世界大戦の頃、航空機の技術が発達してくると大型の飛行機も作れるようになった。その結果として誕生したのが、大量の爆弾を搭載して敵国の都市に向かい、爆撃を敢行する爆撃機である。

爆撃自体はツェッペリン飛行船などの大型飛行船がそれ以前から行なっていたが、巨大な割に脆弱で、味方の基地で待機させておくだけで巨大格納庫と多数の人員が必要な飛行船は、あまり効率のいい兵器ではなかった。かといって、小型の飛行機での爆撃にも限界があった。小型の飛行機しかない頃は低空飛行しながら地上の敵兵に向けて手で小型爆弾を投げ落としたり、高速で飛びながら上空から手のひらサイズの鉄の矢を無数にばら撒くといったことをしていた。当然、小型爆弾や手裏剣みたいなもので都市を破壊することはできない。

爆撃機の登場は画期的であったが、攻撃される側にとっては恐怖でもあった。

当然、自国や同盟国の都市を守るために要撃戦闘機隊が配備され、迫り来る爆撃機を撃ち落とすことになるのだが、そうなると、敵は視界がきかない夜間に爆撃を行うようになる。このころの爆撃機の中には比較的速く飛べるものもあったが、戦闘機に比べると運動性は無きに等しいレベルだった。そのため、敵の要撃戦闘機にひとたび狙われたら逃げることはできず、機体の各所に配置された防御用の機銃を撃ちまくって追い払うくらいしかない。レーダーのなかった当時、敵戦闘機に見つからないように闇夜に紛れて飛行するのは、爆撃機にとって合理的な戦術だった。

1940年代、第二次世界大戦の半ば頃になると、地上にレーダーも設置され、敵味方の大まかな位置を無線で味方機に知らせるシステムも構築されつつあった。しかし、肝心の闇夜での戦闘はまだ視力頼りであった。

夜間戦闘で活躍したドイツ軍のメッサーシュミットBf110重戦闘機

手探りの苦闘を超えて

当時夜間戦闘で使われていた機種の一つにメッサーシュミットBf110重戦闘機がある。Bf110は戦前に設計された機体で、身軽さより重武装を優先し、敵爆撃機を火力で圧倒することを念頭に機体を大型化（もっとも、重武装の割にはむしろ小型だった）、エンジンを2発載せた双発機とした。この機体は爆撃機ハンターとして大いに期待されたが、戦争が始まってみると軽快な単発の敵戦闘機の運動性にまったくついていけず、いい的になり、戦闘機による護衛が必要な戦闘機という悲惨なレッテルを貼られていた。しかし、その火力とゆとりのある大柄な機体は新装備を追

イギリス軍の爆撃機「ウェリントン」（左）と「ハリファックス」（右）

加する余力があり、機体を黒一色に塗装して、激しいドッグファイトをしなくて済む夜間戦闘機として使われていたのである。

しかし、暗闇での戦いにドイツ空軍のパイロットは苦戦を強いられた。主な獲物はイギリス軍の「ウェリントン」「ハリファックス」といった爆撃機だったが、大型の爆撃機が数百機の大編隊で押し寄せても、わずかな星明かりが頼りの夜空を飛んでいては居場所を掴むのさえ苦労する有様で、個々の機体に照準しようと思えば完全に勘と視力頼りであった。

当時夜目が利くようになると信じられていたビタミンAを摂取するために、夜間戦闘機乗りは山のように生の人参を食べさせられ、ビタミン剤の服用をさせられていたという（実際はビタミンの不足は目に悪いというだけであり、たくさん摂取しても本来の能力以上に夜目が利くようになるわけではない）。

なんとか敵爆撃機の撃墜比率を上げなければ。爆撃機一機を仕留め損なうたびに、5トンの爆弾が市民の住む街に落とされるのである。その必死の努力の一つに「シュパナー赤外線暗視装置」がある。これは風防前面に穴を開けて望遠鏡型の赤外線暗視装置を取り付け、機首に埋め込まれた赤外線サーチライトで前方に赤外線ビームを照射、暗視装置を覗きながら敵を探すという代物である。理屈の上では赤外線は肉眼では見えないので、敵機の後ろに気付かれずに忍び寄れるという寸法だ。

パイロットに評判が悪かった「シュパナー暗視装置」

　しかし、前方の狭い範囲しか観測できないものがなんの役に立つのか。実際このシュパナーは夜戦乗り達の評判が悪く、当時の夜戦エースの回想録では、「ガラス細工」「あんな道具」呼ばわりされ、夜戦の様子を「女房に笑われた」と散々にこき下ろされている。後にシュパナーは改良されて赤外線サーチライトが不要になり、敵機の出す赤外線を直接観測できるようになるが、精度は悪く、敵機がエンジンのマフラーに消炎装置を取り付けるだけで観測困難になるような代物だった。また、視界が狭いことに変わりはなかった。

結局、夜戦部隊は、地上のレーダーが捉えた敵爆撃機を要衝に配置されている高射砲部隊などの地上部隊がサーチライトで上空を照らすことで、初めて本格的な迎撃が可能になるような有様だったのである。

新兵器ＦｕＧ２０２〝リヒテンシュタイン〟

この状況に夜間戦闘機乗りたちは焦り、腹を立てたが、どう頑張っても生身の人間が暗闇を見通すことなど不可能だった。

しかし、ついに屈辱の日々に終わりがくる。

ドイツの電子機器メーカー、テレフンケン社が戦闘機に搭載可能なレーダーを開発、実戦配備可能にしたのである。これが機上搭載レーダーＦｕＧ２０２〝リヒテンシュタイン〟である。

レーダーとは、電波を発信しその電波が何かしらの物体に反射して戻ってきた際の信

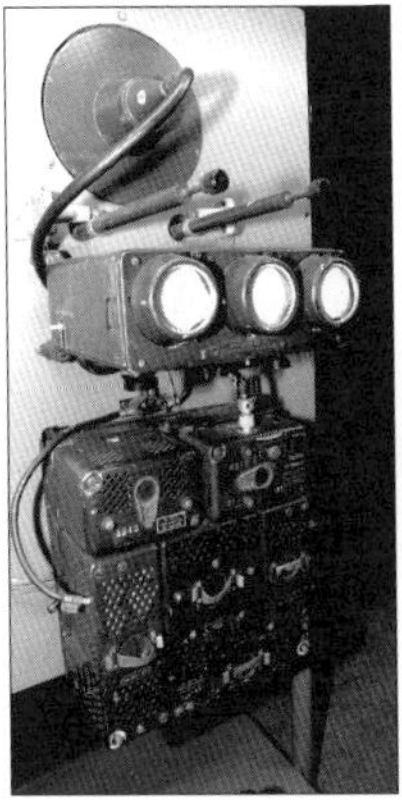

レーダー FuG202（左）と機首に取り付けられたダイポールアンテナ（右）

号を捉えることで、暗闇や雲の中など見えないところにいる目標も捉えてしまう装置である。もちろん、現在のレーダーのように高性能ではないし、レーダー波の信号を表示する画面も現代の戦闘機のように整理された情報が理路整然と並ぶようなものではなく、方位、高度、距離をそれぞれ表す陰極線管スコープの画面に表示される波形を読み取ることで、敵の位置を割り出すというかなり習得に時間のかかる代物だった。

しかしそれでも、そもそも敵の姿を察知することもできないという状況よりははるかにマシであった。もともとＢｆ１１０は操縦手と無線手兼機銃手の２人乗りだったが、レーダー装置を操るには電子機器の操作ができる人間が必要なので無線手が兼任し、3人乗りに改造して機銃手を独立させた。

　リヒテンシュタインを装備した夜間戦闘機は機首に突き出したダイポールアンテナを持つのが大きな特徴で、これはのちに「鉄条網」「鹿の角」とあだ名されるようになる。リヒテンシュタインの配備は夜間戦闘機乗りを狂喜させたが、喜びすぎたのか「殺人光線砲が配備された」という奇妙な噂まで流れたそうである。

　もっとも、イギリスの爆撃機乗りにしてみれば、これは殺人光線も同然であった。一度その電波に探知されれば、すぐに敵夜戦が暗闇から機銃を猛射してくる。重爆撃機といえど機体の大半は薄っぺらい軽金属の板なので、機銃弾は簡単に機体を貫通し襲いかかってくるのである。

　リヒテンシュタインの効果はてきめんで、例えば1942年11月17日の迎撃戦闘ではたった一晩で100機を超えるイギリス軍爆撃機を撃墜した。レーダーが使用可能になったことで、これまで広い範囲に分散して手探りで索敵していた作戦機を、敵爆撃隊に集中して突撃させることが可能になり、一網打尽に撃墜することができるようになったのだ。

　そのような中で、何十機もの爆撃機撃墜スコアを持つ夜間戦闘のエースが何人も現れた。

〝王子〟ハインリヒ・ツー・ザイン＝ヴィトゲンシュタイン少佐は夜間戦闘のプロでドイツでも3本の指に入る夜戦乗りだった。上級貴族出身で文字通り王子であり、その優れた技術と庶民離れした人物像で知られている。ヴィトゲンシュタイン王子はユンカースJu88夜戦型を愛機とし、撃墜スコアで自分がトップであることに強いこだわりを持っていた。転属先の基地に配属されるなり「私はヴィトゲンシュタインだ。君の指揮下に入ることになった。どこへ出撃するんだ？」と名前を名乗ると同時に出撃したがるような人物だった。83機もの爆撃機を撃墜し最高の夜戦エースの1人に数えられたが、惜しいことに爆撃機を護衛していた敵夜間戦闘機に攻撃され、搭乗員に脱出を命じた後自らも機外に脱出したが、脱出に失敗し死亡した。

ハインツ・ヴォルフガング・シュナウファー少佐は121機を撃墜したエースである。ベルギーのサン・

ヴィトゲンシュタイン（左）とシュナウファー（右）

トロンに配備されたシュナウファー（当時は大尉だった）の部隊は、その巧みな戦術と敢闘精神でイギリス軍に爆撃機700機以上という空前の大損害を与えた。イギリス軍爆撃機部隊の襲来時、出撃前のシュナウファー大尉を倒そうとイギリス軍夜戦が先行して基地に攻撃をしかけても、大尉はすでに出撃した後でいなかった、などということもあったそうである。暗闇から突然現れて友軍機を次々に撃墜するシュナウファー大尉を、イギリス軍の爆撃機乗りは「サン・トロンの幽霊」と呼んで恐れた。

究極の夜間戦闘機とイギリス軍の実力

数あるドイツ軍の夜間戦闘のエピソードの中で、もっとも有名なものが最新鋭夜間戦闘機ハインケルHe219〝ウーフー〟と、そのテストを任されていたヴェルナー・シュトライプ少佐である。それまでの夜間戦闘機が重戦闘機や軽爆撃機にレーダーを搭載した急場しのぎの改造機だったのに対し、ウーフーは初めから夜間戦闘機として設計されていた。細身で視界良好、夜戦としては速度も速かった。

1943年6月、オランダのフェンロー基地で、ウーフーの先行量産型A－0型の試

ドイツ軍の最新鋭夜間戦闘機だったHe219〝ウーフー〟

験を行なっていたシュトライプ少佐は、敵爆撃機部隊接近の一報を受けてまだ本格量産にも入っていないこのテスト機で出撃することを決断、なんとそのまま5機の爆撃機を撃墜するという戦果を挙げた。本格的な量産もまだ始まらないテスト中の新型で大戦果を挙げるというこのエピソードは、ウーフーがいかに優れた夜間戦闘機だったかを物語る。

もっとも、あくまでテスト機であり、まったく被弾していないにもかかわらず翼の高揚力装置が故障で開かなくなるというトラブルが発生。着陸に失敗して機体は大破したが、シュトライプ少佐とレーダー無線手は無事であった。ウーフーを量産すれば敵の夜間爆撃作戦は大打撃を受けるとまでいわれたが、結局、ウーフーは小規模の生産にとどまっている。

理由の一つはエンジンの調達に手間取ったことで、結局当初予定されたエンジンを載せられず、計画より速度性能が低下していた。また、夜間戦闘専用であるがゆえに夜の戦いでは高性能だが、軽快な単発戦闘機には運動性で劣り、爆撃機に転用するには機体を引き絞りすぎていた。そのため他に使い道がないのもまた事実だった。ハインケル社が政治的にはナチス党を嫌っていたのが原因の一つともいわれている（異説あり）。

このようにリヒテンシュタインレーダーを手に入れたドイツ軍が奮闘した一方、イギリス軍もまた次々に対抗策を打ち出していった。決定的な出来事が起きたのは1943年5月のことである。1機のJu88夜戦型が、イギリス軍の発信した偽の誘導指示に騙されてイギリス空軍基地に着陸してしまったのである。

完全に無傷の状態でリヒテンシュタインを手に入れたイギリス軍はその性能を分析、即座に対抗手段として金属箔を紙テープに貼り付けたものを大量に空中散布するレーダー撹乱装置を実戦投入する。レーダー電波は金属に当たると反射するため、これを散布されると敵機と区別がつかなくなってしまうのだ。ドイツ側はリヒテンシュタインを改良してこれに対抗したが、結局イギリス軍の爆撃機編隊を完全に食い止めることはできなかった。

敵爆撃機の圧倒的な数に対して、夜間戦闘機の数が少なすぎたのも原因だったが、イギリス軍が爆撃機の護衛に使っていた高速戦闘爆撃機モスキートの夜戦型がとにかく強敵で苦戦したのは大きかった。そしてそこには根本的な問題があった。

イギリス軍が先のＪｕ88を捕まえた時の分析で出た答えは「ドイツ軍のリヒテンシュタインレーダーは、我が軍のレーダーより数年は遅れている」。

そう、ことレーダー技術に関しては、イギリスの方が数年は先んじていたのである。イギリス軍の護衛夜戦が強敵だったのも、レーダーの性能が高かったことが理由の一つだった。ドイツ軍が最新兵器と喜んだリヒテンシュタインレーダーでさえ、イギリス軍の旧式レーダーと大差ない代物だった。ドイツ軍の夜間戦闘機乗りはハイテク兵器を手に入れ暗闇の中で必死に戦ったが、その相手はもっと進んだ兵器をその前から使っていたのである。

Nazi secret weapons 05

【世界にさきがけた実用ヘリコプター】

Fa223〝ドラッヘ〟とFl282〝コリブリ〟

――Focke-Achgelis Fa 223
Flettner Fl 282

難問！　ヘリコプター

レオナルド・ダ・ヴィンチのスケッチの中に「ヘリコプターの設計図」とされるものがある。

本当にそうなのかは議論が分かれるところだが、羽を回転させて飛ぶ、という発想を得るのはそれほど難しくなかったのではないだろうか。植物のフタバガキなどは種子に羽根状の付属物がついており、回転しながら舞い降りることで滞空時間を延ばし、より遠くに種子を拡散させる構造になっている。このような種子は翼果《よくか》と呼ばれ、庭木とし

シエルバ社のオートジャイロ Cierva C.19

てお馴染みのカエデなども同様の種子を持つ。これらにヒントを得れば、「回転翼」を着想することができるかもしれない。しかし、それを使って飛行機械を作るのはかなりの難問だった。

飛行機の主翼は表面に気流を流すことで「ベルヌーイの定理」によって揚力が発生して飛行している。主翼に気流を流すために絶えず前進し続けるのが飛行機であるため、当然ながら1カ所に滞空し続けることはできない。翼に気流が流れなければ揚力が発生せず、単なる重い物体としてそのまま落下してしまうからだ。そこで、主翼を常時回転させることで常に気流を流し続けているのがヘリコプターなのだが、単純に主翼を回転させればいいというものではない。

まず動力を使って回転翼を回すと、その逆方向に機体を回転させようとする反トルクが発生するので、これを防がねばならない。また、前進後進、左右移動するには回転中の回転翼の角度を細かく操作できる仕組みも必要だった。

ヘリコプターの実用化は困難だったが、その代わり無動力の回転翼を使った「オートジャイロ」は比較的早く実用化されている。オートジャイロはスペインの発明家ファン・デ・ラ・シエルバによって発明された機械で、通常のプロペラ機の主翼の代わりに動力のない回転翼が取り付けられた航空機である。推進用のプロペラで前進することで風を受けた回転翼が回転し、竹とんぼのように揚力が発生するのだ。

オートジャイロは空気抵抗が大きく速度が出せない代わりに短い滑走で離陸でき、クラッチの切り替えで事前に回転翼を空転させられる機種であれば、ほぼ滑走なしで離陸できた。オートジャイロは用途によっては便利で、まったくの無動力の回転翼と座席と安定翼だけの機体を、艦船で曳航《えいこう》することで飛行させて高所から哨戒《しょうかい》を行うなどという使われ方もされていた。

しかし、オートジャイロはあくまで滑走距離の短い航空機であり、ホバリングしながら荷物を吊り上げたりできず、速度も遅く運動性も飛行機ほどではないため、軍事用としては用途が限られていた。現在ではオートジャイロは主にスポーツに用いられている。

ハインリッヒ・フォッケの挑戦

航空機メーカー、フォッケウルフを立ち上げたハインリッヒ・フォッケは戦前の1933年にシエルバからシエルバC・19オートジャイロの製造ライセンスを買い、生産していた。やがて回転翼の将来性に魅せられたフォッケは回転翼機の研究に没頭するようになる。

しかし、ナチス政権下で戦力の増強を図っていた軍や投資している株主にしてみれば、珍奇な機体の研究に航空機メーカーの重鎮が没頭するのは迷惑な話でしかなく、度々フォッケの研究に干渉してきた。フォッケは関係者の干渉をかわすためにテストパイロットのゲルト・アハゲリスとともに立ち上げた研究部門で開発を続け、オートジャイロの機体に動力で回転する回転翼を搭載した実験機を完成させる。これが世界初の本格的なヘリコプターとされるフォッケアハゲリスFa61（またはフォッケウルフFw61）

である。

Ｆａ61は機首に取り付けた空冷星形エンジンによって、左右2枚の回転翼を回して飛行する双ローター配置のヘリコプターで、この配置によって機体が回転してしまうカウンタートルクを抑えていた。Ｆａ61で特に有名な逸話は、女性飛行士のハンナ・ライチュの展示飛行だろう。今までの飛行機にないホバリング能力をアピールするため、なんと運動競技場の屋内でデモンストレーション飛行を敢行し、見事に成功させたのだ。しかし、フォッケの研究に対する干渉は止まず、ついには1936年に自ら設立したフォッケウルフ社を去ることになってしまう。

フォッケはフォッケアハゲリス研究所をヘリコプターの研究開発会社とし、1937年にフォッケアハゲリス社として活動を再開した。

竜よ飛翔せよ

Ｆａ61は実験機としては見事な成績を残したものの、それだけではヘリコプターが実用的な乗り物として完成したとは言えなかった。フォッケはＦａ61の設計を拡大して大

1938年2月、ベルリンの運動競技場で展示飛行を行うフォッケウルフFw61

型化し、旅客用や救難、軽貨物の輸送用に使える本格的な実用機の開発に取り掛かる。

こうして完成したのがFa266で、愛称を「ホルニッセ（スズメバチ）」といった。

ホルニッセは細い鋼管でできたフレームに羽布を張ったこの当時としては標準的な機体構造で、その胴体の中心部に1000馬力のBMWブラモ323R空冷星型エンジンを搭載し、その動力で左右に張り出した回転翼を回して飛行する。乗客5名もしくはそれと同程度の重さの貨物をのせて、垂直離着陸ができた。

だが、すでに戦争が始まっていたため、これを航空会社に販売するのは時期的に難しかった。そこで、民間用のホルニッセは諦め

フォッケウルフFa223。機体は基本的に民間用のFa266のものを流用している。

て、ホルニッセの軍用型に賭けることになる。

この軍用型にはFa223と番号がつけられ、愛称を「ドラッヘ（竜）」と命名された。新たにキューベルワーゲンなどの小型軍用車を吊り下げて飛行する能力を与えて、軍の注目を集めることに成功するも、実地試験ではギヤボックスや回転翼まわりの故障が頻発。実戦で使うには問題が多かった。

ドラッへのこの信頼性の低さは結局改良されず、30機ほど生産されたところで生産打切りになったという。

これにもめげずにフォッケはいくつものヘリコプターやオートジャイロを設計したが、その大半は計画だけに終わり、結局フォッケアハゲリス社は確たる実績を残せなかった。

アントン・フレットナー（左）とローター船（右）

鬼才発明家と〝ハチドリ〟

フォッケがＦａ61開発に没頭していた１９３５年頃、１人の発明家もまた、回転翼機の研究に没頭していた。その名をアントン・フレットナーという。

フレットナーの著名な実績といえば特殊な帆船「ローター船」を発明したことだろう。

強い回転を与えたボールを投げると、回転による気流の偏りによって一種の揚力が発生する。これが投げたボールが変化する原因で、これを「マグヌス効果」という。フレットナーはこれに着目しローター船を作った。帆の代わりに船に回転する柱を何本も立て、この柱に横から風が当たると前進する力に変換される、という変わった発明である。このローター船の実験自体は成功したものの、普通の汽船

Fℓ 185（左）とFℓ 265（右）

の方が便利なのは言うまでもなく、特に発展はしなかった（回転する柱、フレットナーローター自体は、近年補助的な動力として注目はされているようである）。

そのフレットナーは1936年にオートジャイロの製作に成功するが、この機体はテスト中に墜落して失われている。しかし、この経験を生かして作られた小型ヘリコプターFℓ185は海軍の関心を集め、1938年にテスト用の機体を発注してきた。

Fℓ185は離着陸時にはヘリのように動力で回転翼を回し、水平飛行時はオートジャイロのように別に設けた推進用プロペラで飛行するという、いわばヘリとオートジャイロの中間のような機体だった。

フレットナーはさらに本格的なヘリコプターにするため知恵を絞る。そして作り上げた試作機フレットナーFℓ265では、回転翼を2基、外側に傾けつつ隣り合わせて配置するというアイデアを盛り込む。この2基の回転翼をそれぞれ逆方向に回転させる

驚異的な性能を誇ったＦℓ 282

ことで、反トルクを防ぐ狙いだ。これを「交差反転式ローター」という。

Ｆℓ２６５は巡洋艦から発進してＵボートに降りたり、資材の運搬やボートの曳航を難なくこなすなど、小型ヘリコプターとして十分な性能を示し、海軍だけでなく航空省も関心を示し、早速量産に入らせようとする。ところが、フレットナーはすでに、より完成度の高い機体の設計を済ませており、こちらを売り込んだ。

この機体はＦℓ２８２、愛称を「コリブリ（ハチドリ）」とされた。コリブリは基本的にはＦℓ２６５の改良版で、機首にあって視界を邪魔していたエンジンを機体中央に配置し、それを挟む形で前席にパイロット、後席に偵察員が乗り込む。交差反転式ローターもより洗練され、試作機の改良が進んだ1943年には小型ヘリとしては、戦後に生産された機種にも匹敵する高性能を示した。実用性は十分であり、地中海方面に派遣されて船団を護衛するための哨戒機として活躍するなどして実績を積んだ。

現在の護衛艦では対潜哨戒のためにヘリを搭載するのは当たり前になっており、まさに大幅に時代を先取りした機体と言えるだろう。しかし、その有用性が認められて1000機という大口発注がなされた時にはすでにドイツの敗北も目前の1944年だったため、工場が爆撃されるなど生産は遅々として進まず、結局24機しか生産できなかったようである。コリブリは連合軍の関心をも集めアメリカが2機、ソビエトが1機捕獲して持ち帰ったという。

これほどの革新的な機体でありながら、小型で生産数も少ないせいかコリブリは航空ファンの間でもややマイナーな機体というイメージがある。

しかし、コリブリは時代に先駆けた革新的な機体であり、まぎれもない傑作機であったのだ。

【第二章】世界を驚かせた「幻の超強力兵器」

Nazi secret weapons 06

【巨砲で敵要塞を撃滅せよ】

カール自走臼砲と巨大列車砲グスタフ、ドーラ

――Förser Karl, 80-cm-Kanone (E)

戦場の要　大砲

大砲は陸戦において、中心的な役割を担う重要な兵器である。その役割は当然敵を撃つことであるが、敵といっても戦車、陣地、歩兵と目標の特徴はいろいろである。目標が戦車の場合、至近で爆発を起こしても、よほどの大爆発でなければあまりダメージを受けないため、徹甲弾や対戦車榴弾《りゅうだん》を直撃させて撃破しなければならない。そのため多少口径が小さくても、砲弾の初速が速く低伸する砲が使われる。このような砲を対戦車砲という。また陣地や歩兵を攻撃する際は、命中した時の貫通力より加害範

囲の大きさの方が重要なので、着弾時に大爆発する砲弾や、事前に時限信管に爆発のタイミングを設定しておくことで、敵の頭上で爆発させて高速の破片で敵を一掃する砲弾などが使われる。

特にまだミサイルはもちろん高性能の大型爆撃機もない時代は、敵の陣地を攻撃するには大砲で砲弾を撃って届けるしかなかった。当然敵もそれに備えて防備を固めるはずである。主要設備を地下に作り、地表の設備をコンクリートと鉄板で装甲し、大口径の砲で武装した一大防衛線を構築するのである。

フランスが築いたマジノ線

このような要塞化された防衛線で特に有名なのが、フランスのマジノ線である。

マジノ線は第一次大戦のドイツとの泥沼の戦いに懲りたフランスが、防衛の要としてドイツとの国境付近に設けた長大な要塞である。ドイツが攻めてきても、マジノ線で返り討ちにしてやろうというわけだ。

ヒトラーがフランス侵攻を企んだ時、当然問題になったのがこのマジノ線対策である。もっとも巨大兵器好きのヒトラーの回答はいたってシンプルだった。要塞砲の射程外から要塞を破壊できる超巨砲を作ればいいのだ。

神話の巨砲見参

1937年頃、ナチス党の依頼を受けた大砲の名門ラインメタル社は、口径60センチという大口径の砲弾を山なりの放物線を描いて敵要塞に放り込む、巨大な自走臼砲《じそうきゅうほう》の開発を始める。

この自走臼砲は開発に関わったカール・ベッカー将軍にちなんで「カール」と命名され、生産された6両にそれぞれアダム、イヴ、トール、オーディン、ロキ、ツィウと神話にちなんだ固有の名前が与えられた。カールは2トン前後の砲弾を4000〜6500メートル先に撃ち込む能力（砲弾の種類によって異なる）があった。

「自走」とあるように長大な履帯《りたい》によってある程度の移動能力があり、平坦地であれ

マジノ線攻略のために生み出された巨大自走臼砲「カール」

ば自力で多少の移動はできたようだ。もっとも、速度は時速10キロメートル前後で長距離の移動はできず、移動能力は主に目標に砲を向けるのに使われた。

長距離を輸送する際は鉄道が使われ、専用の持ち上げアーム付きの2両の貨車で前後を挟んで持ち上げることで鉄道輸送が可能となる設計だった。また、分解してトラックで運ぶこともできた。砲弾1発があまりにも重いため、カールの砲弾を輸送するためだけにⅣ号戦車を改造した砲弾運搬車を作らなければならなかった。

カールは破壊力は抜群だったが、巨大すぎて運用に手間がかかりすぎるという問題がついて回り、さほど活躍していない。そもそもマジノ線攻略のために作られたにもかかわらず、結局ドイツ軍はマジノ線を迂回して防御の空白地帯だったベルギーからフランスに侵攻したため、マジノ線で砲撃戦を行うことはなかった。

カールが本格的に活躍するのは、もう一つの巨砲とともにロシアに展開した時である。

史上最大の列車砲「グスタフ」と「ドーラ」

カールと同じ頃、兵器メーカーのクルップ社もマジノ線を破壊できる巨大兵器を開発中だった。これは鉄道のレールの上を走る大砲、すなわち列車砲だが、その大きさはもはや常軌を逸したものであった。口径はなんと80センチ、撃ち出す砲弾は4・8トンもあり、47キロメートル先まで飛ばすことができた。砲身の長さは32・5メートルあり、全体の重量は1350トンであった。

この巨大な砲が移動するだけで4本のレールが必要で、作業車や現地での組み立てに使うクレーンのレールも合わせると8本のレールを敷設しなければ使えなかった。すなわち、敵要塞を射程に収める位置で鉄道駅とある程度の路線を作るレベルの大工事をして、初めて使用可能となるという、よく言えば壮大な、悪く言えば意味不明な超巨砲で

80センチ列車砲「グスタフ」。おもに対ロシア戦で使用された。

あった。当然運用に必要な人員も大勢必要で、工事から運用まですべて合わせると3000人から4000人は必要だったとみられている。

この砲は3門発注され、うち2門が完成し、それぞれ「グスタフ」「ドーラ」と命名された。これらの砲もまたマジノ線攻略には使われず、ロシアでの要塞攻略に使われることになる。

特に有名なのはクリミア半島のセヴァストポリ要塞攻略戦で、強固な要塞に対しドイツ軍は集められるだけの大砲を集め、その数は1300門に達したという。

グスタフほかカール自走臼砲も参加し、徹底的な砲撃を加えた。カールの砲撃は要塞の砲台を粉砕し、グスタフの砲撃は地下にめり

セヴァストポリを砲撃する列車砲グスタフ

込んで地下弾薬庫を吹き飛ばしたという。

　このように威力は抜群のカールとグスタフだったが、致命的な欠陥もあった。運用に手間がかかりすぎるため、自軍有利の戦況でなければ投入できなかったのだ。この欠陥は、カールとグスタフが巨大兵器である以上、本質的に解決できない問題だった。

　グスタフと2番砲ドーラはこの戦い以降、目立った活躍はできなかった。ドイツ軍が負け始めると使いようがなくなり、グスタフ、ドーラ、カールは爆破処分されたり、敵に鹵獲《ろかく》されるなどして、その役目を終えることになる。

Nazi secret weapons 07

【超長距離砲撃で敵首都を制圧せよ！】

多薬室高圧ポンプ砲″V3″

——Kanone V3

巨大砲への憧れ

厚い壁に守られ、接近すれば弓矢や銃で攻撃される城郭、要塞をその射程外から火力で圧倒したい、というのは兵隊の昔からの願望であり、それを体現したのが大砲である。

大砲の歴史は古く、古代中国で火薬が発明されたのち、発祥ははっきりしないが13世紀頃には、西アジアやヨーロッパで戦争に大砲が使われるようになる。

大砲の原理自体はそれほど難しいものではない。

要するに、頑丈な鉄の筒の一方だけを開口し、火薬を詰めてから砲弾を入れる。火薬に点火して爆発させると逃げ場を失った火薬の燃焼ガスが砲弾を高速で押しながら開口部から吹き出す。結果、加速された砲弾が飛んで行くのである。

　時代とともに運用しやすいように開口部（砲口）の反対側（砲尾）を開けて砲弾を装填できるようにしたり、砲弾が飛翔中に安定するように砲身内部に螺旋状に溝をつけて砲弾を回転させる、または砲弾に羽根をつけて安定させるなどの工夫も凝らされてゆくが、基本的な原理は変わらない。しかし、原理が変わらないゆえの問題もあった。

　砲弾の射程距離を伸ばす場合、火薬の爆発力を増大させる、燃焼時間を工夫する、砲身を長くして砲弾が燃焼ガスに押される時間を長くするなどの手段を総合的に使う。だが、単純に火薬の爆発力を上げても大砲自体が吹き飛んでしまうし、大砲を分厚くすると重すぎる、砲身が長すぎると熱膨張で変形したり重さによるたわみで照準が不正確になるなど、射程距離が長い大砲を作るのは大変であった。

　それでもドイツ軍は、第一次世界大戦に長距離射撃が可能な列車砲「パリ砲」を開発し、フランスの首都パリを100キロメートル以上離れた地点から攻撃している。

　もっとも、パリ砲は右記の問題点を解決しきれておらず、長大な砲身のたわみを支柱で吊って矯正し、その砲身も消耗が激しく、砲身内部がすぐ磨耗するため発射する砲弾の直径を射撃ごとに変更する必要があった。また、運用に手間のかかる巨大兵器の割に

第一次世界大戦で登場したドイツ軍のパリ砲

発射できる砲弾が小さく、命中精度も今ひとつだった。

大砲の原理上の制約から射程距離が制限されるのは、各種技術が飛躍的に洗練された現代でも変わらない。21世紀の現在、アメリカ軍は火薬に代わって電磁気の力で砲弾を飛ばす「レールガン」の実験を行なっている。火薬と違い砲弾の加速力を飛躍的に上げられるが、強力な電源が必要などの問題も多く、採用されるかどうかは微妙なところだという。

奇想「ムカデ砲」

1943年、第二次世界大戦中のナチ

ス・ドイツでは、まったく別の観点で大砲の射程距離を伸ばそうとした男がいた。ドイツの砲弾メーカー、レヒリン・アイゼン・ウンド・シュタールベルゲ社の技術者だったコンダー博士である。

確かに巨大な超長距離砲を作るのは難しい。射程距離を伸ばすには発射用の装薬を大量に使って大爆発を起こしつつ、それに耐えてなおかつ相当な長砲身にしなければならない。だが、発射の仕組みを変えることで、この問題を回避するアイデアをコンダー博士は持っていた。

一度の大爆発で砲弾を飛ばそうとするから、製造不可能な大砲になってしまうのである。そうではなくて、発射装薬と装薬を燃焼させる薬室を小分けにして、砲身の両脇に木の枝のように並べて配置してはどうか。最初の燃焼で砲身の中を砲弾が走り出したとき、砲弾が通り過ぎるごとに左右に並んだ薬室の装薬が順番に燃焼していけば、薬室ひとつあたりの燃焼エネルギーは小さくても、それが100メートル以上ある砲身なら、発射時には超音速にまで加速されているはずである。いわば砲身の形をとった加速装置で、それ自体が飛翔できるロケット弾を飛ばせば、はるか遠くを砲撃することも可能なはずだ。

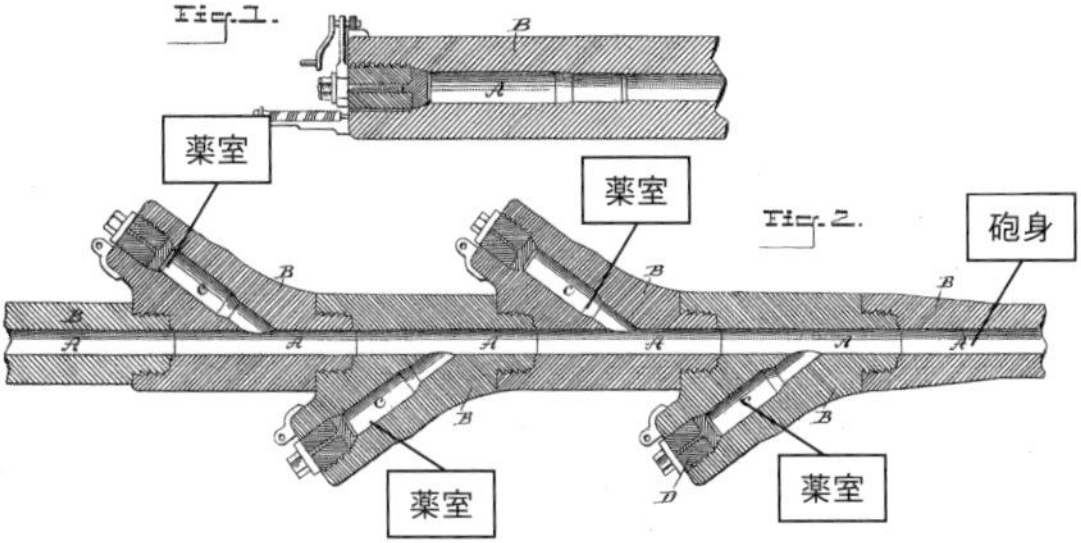

多薬室砲の原理。両サイドの薬室が順番に燃焼することで、砲弾が加速する。

このような多重薬室砲の原理自体は19世紀にはすでに知られていたが、砲身内を超音速で通り過ぎる砲弾にタイミングを合わせて装薬に点火するのはかなり難しく、なかなか実現できなかった。

そんな中、コンダー博士は今こそ実現のチャンスだと考えていた。1943年当時、ナチス・ドイツは窮地に立たされようとしていた。ドイツ空軍にはかつての面影はもはやなく、連合国軍の爆撃機編隊を迎撃できず、大都市を次々に爆撃され、多くの市民が犠牲になっていた。ナチス・ドイツの総統アドルフ・ヒトラーはなんとか連合国軍に報復しようと、イギリスの首都ロンドンを直接攻撃できる兵器を欲しがっていた。しかし、当時実戦配備されていた兵器で、ドイツが占領していたフランス北部からドーバー海峡を越えてイギリス側を攻撃できる兵器といえば、クルップK - 5列車砲がせいぜいであった。

クルップK - 5は最大射程が64キロメートルという巨大列車砲で、占領下フランスのカレーの街から、海峡を越えてイギリスの南東部沿岸にあるドーバーなどを砲撃し、大きな被害を与えていた。しかし、いくら地方の港町を叩いても、戦争の大勢にはさしたる影響はない。フランス北部の基地からロンドンを直接砲撃できる大砲があれば、それをズラリと並べて撃ちまくり、ロンドンに砲弾を雨のように降らせることができる。ヒトラーのこの妄想とも思える「報復兵器」計画を実現できる可能性のあるプランの一つが、コンダー博士の多薬室砲であった。

コンダー博士は軍需大臣アルベルト・シュペーアを通じ、ヒトラーに自分のプランを提案した。実現可能な報復兵器を欲しがっていたヒトラーは強い関心を示し、すぐにカレー近郊のミモイェークーへの秘密要塞の建設と、多薬室砲の実験開発を陸軍のヒラースレーベン砲撃実験場で行うことが決まり、コンダー博士も実験場へ向かった。

夢の超巨砲の現実

多薬室砲の開発は少なくとも外部から見た場合、順調に進んでいるように見えた。距離こそ短かったものの、砲撃実験場に設置された実験用の砲では、砲弾の発射に成功していた。多薬室砲に用いられる砲弾も、設計さえ完成すれば即座に量産可能な態勢が整っていた。この多薬室砲は、報復兵器3号〝V3〟と命名され、その他「高圧ポンプ」「ムカデ砲」などと呼ばれるようになる。

V3は完成状態では口径15センチ、長さは150メートル、岩盤を斜めに掘り抜いて内部を要塞化し、弾道がロンドン中心部ウェストミンスター橋に向かうよう50門のV3を設置する。射程距離は160キロメートルを超え、発射された砲弾はほぼロンドン中心部に着弾する。薬室の数は1門あたり28基あるため、通常の大砲より再装填の時間はかかってしまうだろうが、50門が一斉に砲撃すれば、数日と経たないうちにロンドンの中心部は瓦礫の山と化すはずだった。なにより要塞の中にいながらにして、命令一つで敵国の首都を一方的に攻撃できるのである。ヒトラーが期待をかけたのも無理のないことであった。

しかし、実戦に使用可能なV3を開発するのはかなり困難だった。

コンダー博士の必死の努力にもかかわらず、実験的な砲から実用的なレベルまでなかなか先に進めない。問題の一つは次々と起こる燃焼による高圧ガスの圧力に、砲身や砲弾後部のガスシールが負け、砲身の破損やガス漏れを起こすことだった。また、超音速に達する砲弾に合わせて薬室に点火する技術も難易度が高かったようだ。

砲の開発が遅々として進まない一方で、ヒトラー肝いりの計画であるV3は御本尊の大砲の進捗を置いてけぼりにして、1943年の末には運用部隊の訓練が開始された。また、ミモイェークー要塞も地元のフランス人を徴用して急ピッチで建設されていた。この状況にコンダー博士は焦りを感じていたのではないだろうか。1944年3月に陸軍兵器局長のリーブ大将が、ヒトラー肝いりのV3計画の進捗を確認するため視察にやってきた。ところがリーブ大将が見たものは、未だ実験の域を出ていないV3の姿であった。

リーブ大将は専門家を集めて調査させ、最終的に「実用化は難しい」との結論を出したが、結局ヒトラーに進言できなかったという。リーブ大将はなんとかV3をモノにするため、部下に命じて開発を推進させる決断を下す。V3は細かい改良を続けながら徐々に射程距離を伸ばしてゆき、ペーネミュンデ付近のミシュドロイに設置された実験砲の射程は93キロメートルに達したという。

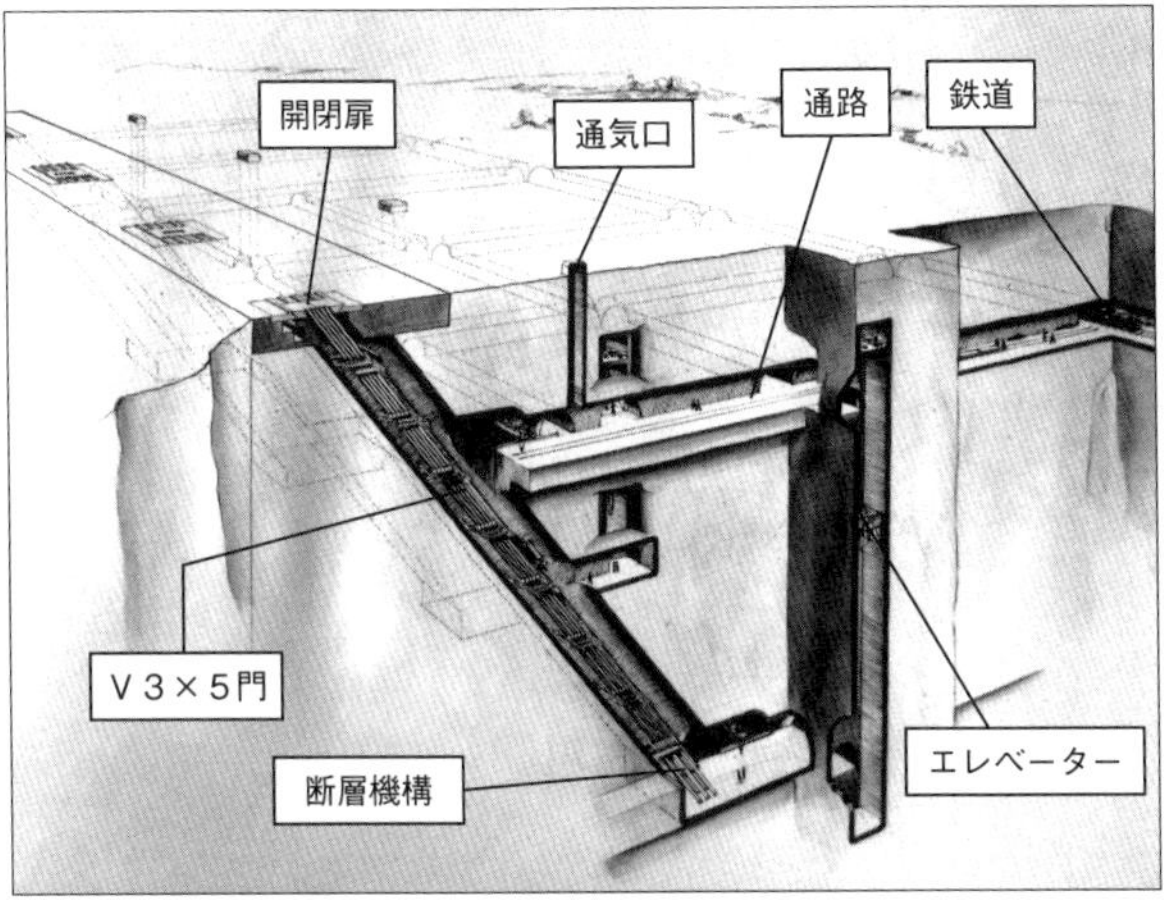

ミモイェーク−秘密要塞の完成予想図

秘密兵器V3の最後

しかし、二重の意味で、V3の破滅は迫っていた。その原因はV1飛行爆弾の完成である。

V1はいわば翼を持ち自力で飛行できる爆弾で、現代の巡航ミサイルにあたる兵器である。高価で破損しやすいターボジェットエンジンではなく、性能は低いが安価に製造可能で使い捨てできるパルスジェットエンジンを搭載したことで、実用兵器として1944年には実際の攻撃に使用され始めた。V1の命中精度はお世辞にもいいものではなく、プロペラ

V3のプロトタイプ。中央のラインが砲身、そこから左右に薬室が伸びる。

戦闘機に撃墜されるほど速度が遅かったが、現実にロンドン空爆に成功しており、ロンドン市民はパルスジェットエンジンが出す異様なノイズ音を恐れ、「バズ・ボム」と呼んだ。

コンダー博士や陸軍兵器局のＶ３関係者がなんとか面目を保とうと必死にＶ３の実験に明け暮れるなか、ヒトラーの関心は現実に配備できるＶ１に向いていた。Ｖ１飛行爆弾は射程距離が２００キロメートルを超えており、カタパルト（射出装置）も移動可能だった。この点、要塞に固定されロンドンしか攻撃できないＶ３より、戦術的な兵器としてははるかに優れていた。連合軍もＶ１の存在を問題

V1 飛行爆弾（左）と空爆地点（右）。V1 にロンドン市民は恐怖した。

視し、情報網と偵察機を駆使して必死にＶ１の発射陣地を探し回っていた。

その頃、遅々として進まないＶ３の開発をめぐって、コンダー博士と兵器局の間で責任のなすり合いが発生していたといわれている。１９４４年には現在の弾道ミサイルに当たるＶ２ロケットも完成しており、Ｖ３の存在感は薄くなる一方だった。

そもそも、ミサイルが実用化されつつある時代に、超長距離攻撃に大砲を使おうという発想に無理があったのである。それでもＶ３計画は半ば惰性とも取れる状況で推進され続けていたが、ついにトドメの一撃が来る。これもまた、Ｖ１飛行爆弾が遠因であった。

Ｖ１の爆撃に怒ったイギリス軍は執拗にＶ１の発射陣地を潰して回った。その最中、偵察機の撮影した写真でフランス北部ミモイェークーに正体不明の地下要塞があること

イギリス軍の爆撃を受けるミモイェークー。V3の地下要塞は崩壊した。

を発見する。

　これをＶ１の地下基地の可能性があると考えたイギリス軍は、ミモイェークー要塞に大規模な攻撃を開始する。そう、Ｖ３の発射基地はまだ肝心の大砲もできてないのに、Ｖ１飛行爆弾の余波をかぶって猛爆撃に晒される羽目になったのである（Ｖ２ロケットの基地と誤認したという説もある）。

　通常の爆弾で攻撃しても、岩盤内に掘られた地下要塞はそうやすやすとは破壊できない。業を煮やしたイギリス軍は、ついに「トールボーイ地震爆弾」を持ち出して来る。トールボーイは重量５トンの大型爆弾だが、特徴的なのはあえて外殻を強靭にすることで、目標に命中しても爆発する前に深くめり込む構造にしたことである。トールボーイは地下に深く潜り込んだ後で大爆発を起こし、強力な衝撃波が地下を伝わって地下施設を破壊する、現代のバンカーバスターのような兵器である。イギリス軍はランカスター爆撃機からミモイェーク―要塞へ向けてトールボーイを投下、地下要塞は完全に破壊され再建は不可能となった。

その後フランスが解放されたため北フランスに基地を作れなくなり、多薬室砲の射程距離ではロンドン砲撃は不可能になってしまった。それでも細々と多重薬室砲の研究は続けられていたようだが、もはや使い道はなかった。通常兵器として使おうにも、野戦で使うには大きく複雑すぎるし、自由に移動できないので柔軟性も欠く。そもそも数十キロメートル程度の射程でいいなら普通の大砲で十分なのだ。

Ｖ３計画はほとんど顧みられなくなり、終戦とともに多重薬室砲は忘れ去られていった。Ｖ１やＶ２が、のちに巡航ミサイルや弾道ミサイルとなって世界の命運を左右するほどの兵器として君臨したことを考えれば、Ｖ３の運命は寂しいものであった。

Nazi secret weapons 08

【究極戦車を開発せよ！】

統制車両整備計画Eシリーズ戦車

――Entwicklungstypen

ドイツと戦車の歴史

第二次世界大戦では強力な戦車軍団で知られるドイツだが、第一次大戦の頃には、むしろイギリスやフランスに比べて戦車の開発、配備は遅れていた。

イギリスが世界で初めて菱形戦車を実戦に投入し、その後も菱形戦車の改良を続け、その他に機動性を重視したホイペット快速戦車などを実戦に投入、フランスもサン・シャモン突撃戦車や、現代戦車の始祖と言われるルノーFT‐17などを次々に実戦に送り込んでいる頃、ドイツの戦車開発は遅れに遅れ、結局自力で開発して実戦に使えた

第一次大戦でオーストラリア軍に鹵獲されたドイツのA7V

のはわずか20両ほどのA7V戦車だけだった（その他に捕獲した敵戦車などを使っていた）。そのA7Vも性能には問題があり、機動性が低くわずかな凹凸《おうとつ》でも走行に支障が出る代物だった。

ドイツの戦車開発が遅れた背景の一つは、当時の軍首脳部がまだ性能の低かったイギリス軍の戦車を侮っており、対抗兵器の必要性を認めてはいたものの、戦車そのものは切実に求めていなかったのも原因のようである。

第一次大戦に敗れたドイツはヴェルサイユ条約によって当時のハイテク兵器、潜水艦、毒ガス、戦車などの保持、研究が禁止されてしまう。しかし、国軍統帥部長官のハンス・フォン・ゼークトによって秘密裏に兵器の研究開発が再開されており、戦車に関しては当時密約を結んでいたソ連領内で研究させてもらうなどして、徐々に開発を進めていた。ヒトラーが政権の座に就くと「農業用トラクター」と称して車体を開発するなどすり抜け策を駆使し、ヴェルサイユ条約破棄から間をおかず機械化された陸軍を作ることができた。

ドイツのポーランド侵攻とともに第二次大戦が始まった時、ドイツ軍の戦車は電撃戦の展開を重視した小型軽量の戦車が主力で、「農業用トラクター」を武装させて戦力化したI号戦車、より大型のII号戦車、そして本格的な戦車であるIII号戦車だった。また、併合していたチェコスロバキアの戦車も手に入れ、35（t）、38（t）などの戦車も配備し、まさに破竹の勢いで進撃してゆくことになる。

混乱するドイツ戦車軍団

しかし、第二次大戦後半になると、ドイツ戦車の配備状況は混乱の極みにあった。

この当時はまさに戦争の最中ということもあり、装甲戦闘車両の進化が加速していた。味方が新型を繰り出せば敵も対抗して新型を出し、それに対抗してまた新型を出す。車

数多くの改良型が存在したⅣ号戦車（写真は初期型のＡ型）

両の改良も頻繁に行なわれ、旧式化した軽戦車で敵の新型戦車を倒すために、大型の対戦車砲を載せられるよう改造した駆逐戦車なども作られ、それがまた改良されるなどしていた。それらの新規開発、改良、補修をドイツ国内の機械メーカーにバラバラに発注していたため、生産ラインが非効率化し、乏しい資源と手間が無駄に浪費される事態となっていたのである。

たとえばⅣ号戦車は初めはⅢ号戦車の支援をするために開発され、初期型の短砲身7・5センチ37式24口径戦車砲を装備したA型、その後改良が続きB、C、D、E型、F型、敵戦車が強力になったため貫通力が高い長砲身の7・5センチ40式43口径戦車砲を装備したF2型、さらに改良が加えられたG型、H型、発電用補助エンジンを外して簡素化したJ型が作られた。またⅣ号戦車の車体に長砲身の対戦車砲を搭載したⅣ号駆逐戦車はフォマーグ社とアルケット社の2社がそれぞれ同時に量産していた。

今あるものを適宜改良するのはいかにも合理的に思えるが、もともと膨大な種類がある装甲戦闘車両を各機械メーカーが入り乱れて改良を行なった結果、さらに種類が増殖する結果になった。そのうえ、種類が多いのに共用パーツではなく、生産ラインが無駄に混乱するなど兵器の生産、取得、配備が複雑化。無駄と手間ばかりがかかってしまう事態になり、次第にドイツ軍を圧迫していった。

究極の5両を開発せよ！

1943年、陸軍兵器局はこのままでは長期化の様相を見せ始めた戦争を乗り切れないと見て、生産する車両を洗練された高性能な新型戦車に統合する「統制型車両」計画、すなわちE計画を提案する。

この計画によれば、装甲戦闘車両を重さによって分類し、生産の効率を重視して同じ重量の車両にはできる限り共通のパーツを使用。車種は整備のしやすさも視野に入れ、高性能の5車種（6車種とする説もある）に絞って生産することになった。

車種は10～15トン級のE－10、25～30トン級のE－25、50トン級のE－50、75～80トン級のE－75、そして130～140トン級のE－100である。さらに超小型戦車の5トン級E－5も開発されていたという説がある。それぞれの基幹となる車体を基として派生型を作れば、共用パーツも使え、生産効率もいい。

これらの開発はまだ余力のあった自動車メーカーのアドラー社、アルグス社などに開発が割り振られた。しかし、その結果はドイツ軍の期待を裏切るものであった。

●E－5軽戦車の場合

E－5軽戦車は最近まで存在もあやふやであり、Eシリーズに含まれないのではないかという説もあった。小口径の対戦車砲を装備した2人乗りの小型駆逐戦車と見られているが、偵察車としても考えられていたようである。実態がはっきりしないことからも分かる通り、E－5は実用化できなかった。それどころか試作車はもちろん実物大の模型も作られなかった模様で、単なるペーパープランで終わってしまったようである。

E-10軽駆逐戦車（想像図）

●E‐10軽駆逐戦車の場合

Ｅ‐10は３人乗りの小型駆逐戦車で、完成すればチェコ製38（ｔ）戦車の設計を流用して作られたヘッツァー軽駆逐戦車の後継となるはずだった。そもそも「ヘッツァー（勢子《せこ》。狩の時に隠れた獲物を追い立てる役割）」という名前はこのＥ‐10に付けられるはずだったともいわれている。Ｅ‐10は待ち伏せに特化した車両で、転輪を支える懸架装置を任意に動かして車高を下げ、物陰に隠れることができた。最大１７６センチある車高を１４０センチまで下げることができたそうである。自衛隊の74式戦車にも類似のシステムがあり、先進的な機構といえる。

しかし、Ｅ‐10の開発は遅れに遅れ、結局終戦の段階においても試作車すらも完成していなかった。

●E‐25駆逐戦車の場合

E-25駆逐戦車（想像図）

E‐25も待ち伏せ型の駆逐戦車として開発されていた。砲塔はなく砲は車体に装備される。E‐25で特徴的なのは、車両が縦方向に圧縮されたピラミッド型をしていることである。これは装甲板に傾斜をつけて車体に取り付ける傾斜装甲を全面的に取り入れたためである。直進してくる敵の砲弾に対して斜めの装甲板が受け止めると角度の分だけ装甲板が厚いのと同じ効果が生じ、角度が浅ければ弾くこともできる。この傾斜装甲は同時代に生産されていた他の戦車にも部分的に取り入れられていたが、E‐25はこれを車体全周に採用したわけである。

E‐25は多少開発が進んでいたがやはり戦争に間に合わず、終戦時には組み立て前のバラバラのパーツがいくつかあるだけだったようだ。

E-50戦車（想像図）

●E-50戦車の場合

E-50は、当時の主力だったパンター中戦車の後継の主力戦車となる予定だった。

大まかにはパンターと変わりはないが、トーションバーやドライブシャフトなどの機器が車内を狭くするのを防ぐため、後部の機関室にエンジンのほか冷却器や変速機も一体にして搭載し（これをパワーパックという）、さらに後輪駆動、サスペンションも車外設置とすることで車内を広くしスムーズな戦闘行動が可能と見られていた（これらはE-10、E-25も同様のコンセプトであった）。また、過剰な重装甲をやめることで機動性を増している。これは戦後第2世代の戦車に近い特徴であり、完成すれば先進的な戦車になったかもしれない。もっとも、一体化したエンジン部分が重量オーバーとなり、もし完成しても当初のコンセプトのように後部にまとめて設置することはできなかったと見られる。これも終戦までに完成しなかった。

E-75戦車（想像図）

●E‐75戦車の場合

Ｅ‐75はティーガーⅡのような重戦車の後継となるべく開発された戦車で、車体の大半はＥ‐50と共通だった。そのため同じ生産ラインでそのままＥ‐50とＥ‐75を注文に応じて作り分けることができた。違いといえばＥ‐50が機動力重視なのに対し、Ｅ‐75は装甲厚を増して防御力重視にしているところだろう。そのため、Ｅ‐75は時速40キロメートルほどしか出ないと考えられていた（Ｅ‐50は時速60キロメートル）。また大重量を支えるため転輪の数を増やしている。戦車砲も大型のものが搭載される計画だったとみられる。

E-50、E-75とも走行試験用の新型サスペンション部分だけが完成したのみである。

最後の希望となるかE-100超重戦車

結局、車体の試作にまでこぎつけたのは、意外にも一番のイロモノに見えるE-100超重戦車であった。E-100は150ミリ砲という、まるで陣地砲撃用の野砲のような巨砲を搭載し、副砲ですら中戦車の主砲と同じ75ミリ砲だった。

これはヒトラー直々の要請でポルシェ博士が開発中のマウス超重戦車と同程度の攻撃力だった。そもそもE-100の砲塔はマウスと同じもの、もしくは改良型が使われる予定だったので、武装が似ているのに不思議はない。

むしろ不思議なのは本来無駄を省くための計画であるE計画で、マウスと同じような超重戦車が同時期に開発されていたことで、これでは無駄な車種がまた増えるだけである。これは陸軍兵器局主導の計画と、ヒトラー直接の要請に基づいて進められた計画のどちらかを取りやめるわけにもいかず、結局両方を進めたためで、これこそが無駄の正体そのものともいえる。

もっとも、エンジンで発電機を回してモーターで駆動するというマウスに対し、現在ある重戦車の設計をさらに巨大化させるという方針で開発されていたE‐100は、基本構造自体は差別化がなされていた。車体全面が非常に分厚い装甲板で覆われていたマウスと違い、E‐100は上面や前面下部などめったに砲弾が当たらない部分は通常の重戦車程度の装甲厚に抑えられていた。

E-100超重戦車（想像図）

また、内部が中空の膨らんだ形の側面装甲板を持っていた。これは成形炸薬弾の爆発のタイミングをずらし、ダメージを最小限にする効果が期待された。鉄道輸送を考慮し、側面装甲板は取り外せる構造になっていた。

E‐100は巨大であるという以外はティーガーⅡによく似た車体を持っていた。これは他のEシリーズのような先進的な構造をとるにはエンジンが大きすぎたためで、最初からパワーパック化が諦められていた。また、当初想定されていた新型の大馬力エンジンが間に合わず、新型エンジンが届くまではパワー不足を承知でティーガーⅡのエンジンを載せる予定だったらしい。

数々の苦労を乗り越えて開発が続けられていたE‐100だが、結局は1945年初めに開発中止の指示が出される。これはヒトラーの超重戦車に対する期待が冷めたせいである。マウスも同様で、当初は「月産10両」とされたマウスだが、生産数はどんどん減らされ、最終的には試験用車両2両のみがほぼ完成するといった状態だった。

しかし、E‐100の開発を担当したアドラー社は、その後も規模を縮小しながら開発を継続した。Eシリーズはドイツを救う究極の戦車だったはずが、結局車体の試作まで進めたのはE‐100のみ。そのE‐100も戦争末期にはアドラー社の中のたった3人の作業員によって細々と組み立てられるという状態だった。E‐100は届いている部品を車体に仮組みするといった簡単なテスト以外はしておらず、結局走ることもなかった。

組み立て工場のあるパーダーボルン近郊のハウステンベックにアメリカ軍が侵攻してくると、もともと見捨てられていたE‐100はあっさり捕獲されてしまう。

アメリカ軍はE‐100に興味を持ち、ドイツ人技師に命じて組み立てを継続させたが、モノにならないと見たのか丸ごとイギリス軍に引き渡してしまった。イギリス軍はE‐100を本国に持ち帰り、徹底的に分析しようとしたようであるが、これまた途中でテストをやめたらしく、結局E‐100は自走できる状態にすら一度もなれずに記録から消えている。どうやら走行試験をするまでもなくスクラップにされた模様である。

努力や試行錯誤は「無駄」や「要らぬ手間」ではないはずだ。

しかし、事実としては洗練された最新の戦車となるはずだったEシリーズは、結局戦場に出ることもなく消え去り、後世に残したものもなかったのである。

Nazi secret weapons 09

【音に食らいつく海の死神】

G7es(T5)ツァウンケーニヒ音響誘導魚雷

——Zaunkönig

海の最強兵器の欠点

当然のことではあるが、船は海に浮いている。

鉄でできた船が水の上に浮いていられるのは、船体が押し退けた水の総量より船体の方が軽いからである。

しかし、船体に穴が空き、水が流入すると船は水を押し退けた状態でなくなる。単なる水より重い構造物と化して、たちまち沈んでしまうのだ。

そのため、昔から戦闘艦は、敵艦の船体の水面下の部分を狙ってきた。大砲装備以

日本軍が開発した酸素魚雷

前の時代には船首水面下にラム（衝角）という頑丈な突起をもうけ、敵艦に体当たりする「ラムアタック」という戦法が存在した。前方に突き出したラムが敵艦の横腹に大穴を穿《うが》ち、一気に浸水、撃沈してしまうのである。さすがに大砲が発達してくると、この戦法は徐々に使われなくなるが、艦艇の弱点が水面下にあることに代わりはなかった。

　そして科学技術の発展とともに生み出された兵器が魚雷である。

　魚雷はいわば無人の潜水艇に弾頭を取り付けたもので、水中で作動する特殊なエンジンでスクリューを回転させて敵艦に向かって推進する。一般にはあまり馴染みがないためピンとこないかもしれないが、魚雷は大きなものになると全長9メートルを超える大型の兵器で、大型のものが駆逐艦程度の中型艦艇に命中すれば、穴があくどころか真っ二つに船体が折れ、沈没させるほどの威力がある。

当然、世界各国で魚雷の研究開発が行われるのだが、魚雷にはなかなか克服できない欠点があった。

それは命中率が低いことである。

空気中を飛ぶ砲弾でも、目標に正確に着弾させるためには、経験や勘、さらには計算機まで必要になる。水中を直進する（まっすぐ進んでくれるとは限らない）魚雷を遠くの敵艦に命中させるのは非常に難しかった。

日本海軍は燃料の燃焼に酸素を使う酸素魚雷を開発し、これに大きな期待をかけていた。たしかに酸素魚雷は威力抜群で、航続距離も通常の魚雷の数倍ある驚異の秘密兵器だったが、その航続距離の長さゆえに逆に命中させるのが難しかった。この酸素魚雷を運用するため軽巡洋艦を改装、重雷装艦「大井《おおい》」「北上《きたかみ》」を完成させたが、これらは片舷《かたがわ》20門、総数40門の魚雷を、敵艦隊が通りかかるあたりに一斉に散開発射して命中率の悪さを補うというものであった。しかし、航空機の発達によって「大艦隊同士の艦隊決戦」という発想自体が時流にそぐわなくなり、大井と北上はその極端すぎる雷装を外さ

ドイツ軍のUボート

れている。

ドイツUボート部隊の衰退

第一次大戦のまだ対潜水艦兵器が発達していなかった頃、大西洋はドイツの潜水艦、いわゆるUボート部隊が支配していた。

水面下に身を隠すUボートを発見するのは簡単ではなく、発見したとしても攻撃を命中させるのも難しかった。そのためUボートは好き放題に活躍できたのだ。第二次大戦開始初期の頃も、やはりUボート部隊は大活躍し、敵の輸送船を次々に沈めていた。

だが、第二次大戦も後半の1943年以降となると過去の栄光も消え去り、小型空母と対潜哨戒機による洗練された船団護衛と駆逐艦の新型対潜兵器の登場で、Uボート部隊は戦果を挙げるどころか逆にやられてしまう有様であった。この戦況を打開するための画期的新兵器がどうしても必要だった。

当時のドイツの主力魚雷はG7シリーズで、大きく分けると燃料を燃焼させて駆動する蒸気エンジン型のG7aと、電池から取り出した電気でモーターを回して走る電動型のG7eがあった。

速度や航続距離などのカタログスペック上はG7aの方が優れているのだが、燃料を燃焼して走るG7aは排気ガスが気泡としてはっきり水中に残る欠点があり、敵艦が魚雷で狙われていることに気づいて回避運動に入ってしまうという問題を残しており、夜間にしか使えなかった。その点、電動式のG7eはまったく航跡を残さないので、気づかれずに敵艦に突入できる利点があった。

しかし、そもそも狙いが外れていては見つかるも見つからないもない。そこで登場したのが、敵艦に向けて食らいついていく魚雷「誘導魚雷」である。とはいえ、初期の誘導魚雷は、発射後の魚雷の挙動を発射前に事前に入力できる、というのがせいぜいのものだった。

第二次大戦時のドイツ軍の主力魚雷のひとつだったG7a

例えばG7aFatと呼ばれる魚雷は発射前に敵船団の進路を予測して、敵船団の進行方向と自分の艦の角度から、それが交差する進路を入力して発射すると、以降G7aFatは敵船団の進路と交差するように800メートル走行しては半径300メートルでターン、また交差するように走行してはターンというジグザグ運動を敵艦のどれかに命中するまで続けるというものだった。これは打ちっ放しでまっすぐ進むだけの魚雷と比べると格段に命中させやすかった。この探索式の魚雷は進化を続け、ジグザグのパターンを事前に選べるものなどが登場している。

いずれにせよ何よりの問題は、船団を守

る対潜水艦兵器を満載した駆逐艦を安全に沈める方法であり、そのためにはこれまでにない新兵器が必要だった。

新兵器きたる！

第一次大戦時からの歴戦のUボート乗りであるカール・デーニッツは、順調に出世を重ね、第二次大戦の半ばにはUボート部隊の司令官にして海軍元帥となった人物である。Uボートの黄金時代を知るデーニッツは英国との戦争で、島国である英国の喉元を絞めあげために、大西洋を制圧することがいかに重要であるかを熟知していた。

また、狭く不潔で、悪臭と息苦しさと高い死亡率に苦しむ潜水艦乗りのつらさを身をもって知っており、水兵たちの福祉、スポーツなどの娯楽、特別手当の増額などに力を尽くし水兵たちから「カールおじさん」と呼ばれ親しまれた。一方、命令を出す士官には相応の能力を要求し、能力が指揮官に向かないと見なせば容赦なく解任した。

このようにUボートの化身ともいえるデーニッツは、大戦後半にUボート部隊の力が衰えると、何とか挽回しようと新兵器の配備を急がせた。

Uボートを視察するカール・デーニッツ

その一つが「音響誘導魚雷」である。音響誘導魚雷は、先端に集音マイクを持ち、周囲の音を聞いて大きい音のする方へ舵を切るという「パッシブ・ソナー」を備えた魚雷である。

もともと軍艦が海中の様子を探る方法は音を使った「ソナー」だけであった。海中は相当透明度の高い場合でもせいぜい数十メートル程度先までしか見通すことはできない。また、レーダーに使われる波長の電波は水中では減衰してしまうためレーダーも使えない。

しかし、「音」は違った。音は水中では空気中の5倍の速さで伝わり、しかも遠くまで届くのである。そのため音を使った探知装置であるソナーが発達してきたのだ。ソナーにはこちらから音波を発射して、跳ね返ってきた音を捉える「アクティブ・ソナー」と、敵が出す音を聞いて捉える「パッシブ・ソナー」がある。そのパッシブ・ソナーを備えた魚雷を作れば、騒音を出して走る敵艦に食らいついていくというわけだ。

言うだけならば単純な兵器である。しかし、現実に作るのは相当困難で、当時まだどこの国も実用化に成功していなかった。ドイツでの研究は進んでいたものの、音響誘導魚雷が自分の走行音を聞いてしまってうまく作動しない、という問題をなかなか解決できなかった。

結局、騒音を抑えるため魚雷に全速力を出させないという苦渋の解決方法が選ばれ、本気を出せば30ノットで走行できるG7eの速度を24ノットに制限していた。また敵艦が12ノット以上で航行してくれないと推進音が探知できないという別の問題が持ち上がり、敵艦が速すぎても遅すぎても困る、という妙にデリケートな兵器となった。

いくつかの実験機の試験の末、一応の完成をみたのがG7es（またはT5型）音響誘導魚雷〝ツァウンケーニヒ（小鳥のミソサザイ）〟である。あいかわらず攻撃できる敵艦が10ノット以上18ノット以下の艦に限られていたとはいえ、これは革新的な兵器であった。音響誘導魚雷の公開実験に立ち会ったあるUボート乗りは、弾頭を視認用の発光模擬弾に取り替えられた魚雷が、自分たちゲストを乗せた船を執拗に追い回すのを見た。どんなに回避を繰り返しても追いすがってくるその魚雷はついに彼らの船の真下に飛び込んだ。これが実験でなく本番ならここで信管が作動して大爆発というわけだ。激戦をくぐり抜けてきたUボート乗りも、この新兵器に大いに期待を寄せた。実際、兵器としての効果は抜群で、敵駆逐艦に大打撃を与えることも可能なはずだった。

G7es 音響魚雷（ツァウンケーニヒ）

この魚雷の出来映えに、デーニッツは高い評価を与えていたようである。しかし、発射して魚雷のソナーが作動開始すると、発射した潜水艦自身に命中する危険があるため、すぐに機関を停止するか、魚雷が潜れない深い海中に逃げ込む必要があった。このため魚雷が敵艦を追尾する様子を観察できず、それに不満を持つ艦長もいたようである。

生かせなかった実力

世界で初めて実用化に成功した音響誘導魚雷。

しかし、ツァウンケーニヒ音響誘導魚雷の「旬」の時期はあまりに短かった。

そもそもの問題は生産が遅々として進まず、配備される数が少なすぎたことだった。何と音響誘導魚雷を1本しか受領できなかった艦もあったようである。

また、イギリス軍はすぐにこのナチスの秘密兵器の情報をつかみ、この驚異の兵器に対抗する新兵器「フォクサー」を実戦投入した。最新ハイテク兵器ツァウンケーニヒに対抗するフォクサーとはどのようなハイテク兵器であろうか。

実は、フォクサーは水流が当たると騒音を出す金属の管でできた器具を、長さ182メートルのロープで繋いで艦艇後方に曳航しただけのものであった。大きいノイズに反応して食らいつくツァウンケーニヒは、こんな単純な仕掛けに引っかかってしまい、敵艦本体に命中しなくなってしまったのである。

イギリス軍はソナーで探知し自動攻撃する対潜迫撃砲スキッドも投入した

もちろんドイツ側もこれに対抗して、敵艦の出すノイズのみに反応する改良型を作るなどしたが、この頃になるとドイツの敗北は決定的で、デーニッツが嘆くほどUボートの数も足りておらず、そもそも魚雷を搭載して戦場に向かうはずの潜水艦自体が少なすぎるという有様であった。

結局のところ、第二次大戦後半ではUボートは大活躍したとは言い難い。

たしかにたくさんの輸送船を沈めて物資を輸入に頼るイギリスを苦しめたが、返り討ちにあうUボートもまた多かった。ヴェルサイユ条約によるワイマール体制で潜水艦の装備ができず、ゼロからUボート部隊を再建しなければならなかったのも痛かった。また主力のG7魚雷に搭載されていた初期の信管は不良品で、接触信管は爆発するかしないか安定せず、艦艇の磁気に反応するはずの磁気作動信管は地磁気の変化に反応して何もないところで爆発するという惨状で、これが改善される間に多くの艦長が獲物を取り逃がしている。

イギリスとの戦争ではまず海上輸送路を破壊してイギリスの国力を削ぐべき、というのがデーニッツの持論で、そのためにUボート部隊を再建したし、その考えは正しかったのだろうが、結局潜水艦の数が少なすぎ、その数の劣勢をハイテク兵器で補おうとしたのもまた、いつものドイツ軍らしいと言えるだろう。ちなみに太平洋で日本と戦っていたアメリカ軍は多数の潜水艦を駆使して徹底して日本の海上輸送路を破壊し尽くし、日本と日本軍を飢餓と物資不足に追いやった。これはまさにデーニッツが行おうとしていた作戦の成功例であった。

Nazi secret weapons 10

【一発必中！ 意志を持った爆弾】

フリッツX誘導爆弾

――Fritz X

爆撃の難しさ

爆弾を落として地上を攻撃するのが爆撃機の役割である。

第二次大戦時の爆撃は、その方法から大きく二つに分類することができる。目標に向かって急降下しながら狙いを定め、爆弾を放すと同時に離脱する急降下爆撃と、水平に飛びながら目標上空で爆弾をばらまく水平爆撃である。

急降下爆撃の利点は、特定の建物や橋など小さな目標にも狙いを定めることができる点である。戦車や船などの動く目標も（精度は低いものの）ピンポイントで攻撃でき、土を掘り返すだけの無駄な投弾を減らすことができる。その反面、爆弾を搭載した攻撃機にはそれなりの運動性能が求められる。運動性能がないと急降下からの離脱などできないため、どうしても小型の機体を使用せざるを得ず、結果として大型爆弾の運用が難しかった。

水平爆撃は大型の爆撃機に大量の爆弾を搭載し、上空からばら撒くことができるが、攻撃したいポイントに正確に爆弾を落とすのは極めて難しかった。

単純に考えると爆弾は下に落ちるのだから、目標の真上に来たところで爆弾を放せば勝手に目標に向けて落ちていきそうなイメージがある。

しかし現実はそう単純ではない。当時の爆撃機は時速400~600キロメートル前後で飛行しており、当然爆弾の初速も同じである。そこから速度を失いながら放物線を描いて数千メートル下に落ちるのである。しかも風向きによっては単純に爆弾の進路が爆撃機と同じ方向に向くとは限らないし、高度や速度によっても描く放物線が異なる。風の日に時速100キロメートルで走るトラックの荷台からボールを投げて、数十メートル先の小さな的に当てるようなものである。

当時のアメリカでは照準器と自動操縦装置を組み合わせた「ノルデン爆撃照準器」を開発してこの難しい課題に対処した。高度や速度などの諸元を入力して爆弾を落としたい場所を照準器で指示すると、計算機が最適の投下ポイントを算出し、飛行機の自動操縦装置が爆弾が当たるよう進路を修正するというハイテク装置で、これはアメリカ軍の秘密兵器であった。

しかし、爆弾の落下位置を予測して、そこが目標の位置と重なるように飛行機を動かすというのは機械にやらせるにせよ職人技でやるにせよ、ある程度以上に命中率を上げるのは不可能であった。

ノルデン爆撃照準器

現代では母機のレーザー誘導やGPSに導かれて、目標に向かって落下してゆく爆弾が普通に使われている。母機が指示した目標に命中させるため、爆弾についた翼が作動して落下位置をコントロールする爆弾を誘導爆弾というが、その原型とも言える爆弾を初めて実戦に使用し大きな戦果を挙げたのもドイツ軍だった。

海上の要塞を撃滅せよ

戦争の足音も忍び寄る1938年、DVLドイツ航空研究所（現在のドイツ航空宇宙センター）に勤務するマックス・クラマー博士は、画期的な兵器を開発しようとしていた。

当時、攻撃するのに厄介な目標とされていたものに戦艦がある。戦艦は装甲が分厚く大量の大砲と機銃を装備しており、不用意に接近するとたちまち蜂の巣にされてしまう。戦艦を沈めるには同じ戦艦の主砲で撃ち合いをするのが常道だが、敵味方の距離は数十キロメートル離れている場合もあり、巨大戦艦といえども水平線上の小さな影に過ぎず、砲弾が届くまでタイムロスが大き過ぎて敵艦が回避運動を行うとなかなか命中しなかった。撃っては観測結果を見て修正、撃っては観測結果を見て修正を繰り返し、ようやく命中弾が得られる頃には大量の砲弾を消費する有様だった。

飛行機の登場はこの戦闘の様子を大きく変えることになるが、それでも防御用の機銃

イギリス海軍の戦艦ウォースパイト。敵戦艦への爆撃は決死の作戦だった。

をずらりと並べて待ち構えている戦艦に、爆弾や魚雷を抱えた飛行機で接近するのはまさに死と隣り合わせの任務であった。クラマー博士の発明はその常識を大きく変え、敵の攻撃が届かない位置から敵戦艦を一方的に攻撃できるという、夢の秘密兵器だった。

もともと艦艇攻撃用の徹甲爆弾の命中率向上が博士の研究テーマであった。徹甲爆弾は数千メートル上空から投下すると加速しながら落下、敵艦艇の甲板を貫通して内部で爆発し、弾薬を誘爆させるなどして沈めてしまう。場合によっては巨大な戦艦でさえ一撃で沈めてしまう威力があるのだが、いかんせん命中させるのが難しかった。

博士の研究の概要自体は極めてシンプルだっ

た。無線送信機と無線受信機を用意し、送信機を爆撃機に、受信機を爆弾に設置し、送信機の指示を受けた受信機が爆弾に取り付けられた翼を操作できるようにする。つまり爆弾をラジコンにしてしまうわけだ。これなら敵艦の対空砲火も届かない高空にいながら、正確な命中弾をお見舞いすることができる。

爆弾を落としてあとは運任せ、というのではなく命中するまで人間が操縦すれば、命中率は運ではなく操縦手の技量次第、そして技量は訓練で向上できるのである。

博士は対艦徹甲爆弾PC1400に、自分が発明した無線の信号で動作する翼を取り付け、誘導爆弾を試作する。これが後の対艦誘導爆弾FX1400「フリッツX」である。フリッツXは、戦前から地道に開発が進んでいたこともあって、戦争が始まった後も順調に開発が進み、1941年末にはほぼ完成の域に達していた。

操縦装置はスティック式で、He111などの爆撃機に搭載された照準器を見ながらスティックで落下する方向を操作する仕組みである。安定性や操縦性は非常に良好、操縦手の操作に対する着弾地点の誤差はわずか60センチ、これはあくまで理論上の数値で実際は何メートルも誤差があるとみられたが、操縦手の腕さえ良ければ大型艦艇にはほぼ命中させることができた。

クラマー博士が開発した対艦誘導爆弾フリッツX

しかし、ここで問題が起こる。実戦的な投下試験を行いたいのだが、曇りの日が多いドイツでは高空からの投下実験ができなかったのだ。フリッツXは操縦手が目で見て操作する、ラジコンそのものの兵器である。尾部に小さな固体ロケットが付いていて、その噴射炎を見ながら操作するのだが、厚い雲があってはどうしようもない。そこで、同盟国のイタリアに実験場を移動させることになる。夏季少雨の地中海性気候のイタリアで、存分に試験をしてやろうというわけだ。この決定が、のちにイタリアにとって皮肉な結果を生むことになるのだが……。

フリッツXは無線操縦式の誘導爆弾だが、クラマー博士らは早くから、敵が妨害電波を出すことで操縦不能にする戦術を使ってくることを予測し、対抗策として有線誘導方式も研究している。有線で直接信号を送れば妨害電波の影響も受けにくいというわけだ。誘導弾の操縦信号を有線で送るという方式は、現在では珍しいものではないが、開発当初は誘導ワイヤーをリールから高速で繰り出す技術がなく苦労したようである。

フリッツXは高度1万2000メートルから投下すると、着弾時には音速にまで加速し、分厚い戦艦の装甲も貫通可能だった。

意志ある爆弾の脅威

フリッツXの初の実戦での使用は、皮肉にも実験場のあるイタリアの海軍艦艇への攻撃だった。

1943年、連合軍の侵攻による圧力とムッソリーニの無能に見切りをつけたファシスト政権幹部はムッソリーニを裏切り逮捕、これをきっかけとしてイタリア軍は連合国軍側に付く王国軍とナチス傀儡《かいらい》のRSI軍とに分裂することになる。イタリア海軍が誇る巨大戦艦「ローマ」と「イタリア」は、連合軍に投降するため地中海を航行してい

1943年9月8日、イタリアが連合軍に降伏。戦艦ローマ（上）は投降するために航行中、アシナラ島付近で新型爆弾フリッツXによる攻撃を受ける。1発目が艦中央部に着弾。爆弾は甲板と側面を貫通し、内部で爆発（右）。続けて2発目も直撃し、艦は沈没。乗員1350名が死亡した。

た。戦艦を中心とした攻撃部隊が敵軍に合流するのを見逃すわけにはいかず、ドイツ軍はフリッツXの初の使用を決断する。

1943年9月9日、Do217爆撃機の編隊が戦艦ローマを中心とするイタリア艦隊を急襲、うち3機から3発のフリッツXが投下される。そのうち2発がローマに命中し、艦内部まで貫通したのち爆発、艦内に大火災を引き起こし、ローマは弾薬の誘爆で吹き飛び沈没してしまった（命中したのは3発とする説もある）。

全長240メートルの巨大戦艦がたった2発の爆弾で沈没したことは、誘導爆弾の威力を物語っている。また戦艦イタリアもフリッツXが1発命中し、大ダメージを受けたもの

イギリス海軍の戦艦ウォースパイトもフリッツXの攻撃を受けた

のなんとか沈没は免れている。この戦闘こそが歴史上初の誘導爆弾による実戦での主要艦艇撃沈である。

その後もフリッツXは攻撃に使用される。イタリアのサレルノ湾への上陸作戦を展開していた連合軍に対する攻撃では、「不屈の不沈艦」として知られるイギリス海軍の戦艦ウォースパイトを攻撃し、半年以上に及ぶ大修理が必要な損害を与える。その他多くの戦闘に使用され、フリッツXは無視できない戦果を残すことになる。

しかし、フリッツXも万能の秘密兵器ではなく、天気が快晴の日でなければ使えないのは大きな欠点だった。また、投下してから命中するまで目視で目標を確認しながら操縦する必要があるため、母機の爆撃機は低速で目標上空を飛行しなければならず、敵戦闘機が出現した場合無防備になり使用不能だった。さらに実験場のあるイタリアが連合軍に降伏したため、フリッツXが連合軍に捕獲され、秘密兵器の全容が暴かれてしまうという問題まで起きた。

いずれにせよ、戦争も後半となるとドイツ軍の役割は本国に侵攻してくる連合軍を食い止める作戦が中心となり、フリッツXのような対艦攻撃兵器の出番は減る一方で、当時としてはハイテク兵器であり大量生産には向かず、連合軍が電波妨害装置を装備するようになったことも含め、その出番はなくなっていった。

フリッツXはデビューが華々しかったことで、ドイツ軍の秘密兵器としてはよく知られた存在である。現代に通じる精密誘導兵器の先駆けであり、戦後の世界では自ら目標に向かって飛翔するミサイルや誘導爆弾が兵器の主流になっていく。その誘導兵器に対抗するためにさらに戦車や戦闘機が進化したことを考えると、フリッツXは兵器の進化の歴史において重要な位置にある武器であるといえよう。

Nazi secret weapons 11

【最強潜水艦、大西洋を支配せよ】

UボートXXI型

――U-Boot-Klasse XXI

劣勢のUボート軍団

第二次大戦初期には猛威を振るったドイツの潜水艦部隊は、大戦後期には連合軍の進んだ対潜攻撃により追い詰められていた。特にレーダーによる探知と、それと連動した航空機による爆雷攻撃、投網を打つように爆雷を投射するヘッジホッグなどの新兵器や高性能のソナーを装備した駆逐艦は強敵で、敵船団に接近するのも一苦労、一方的にやられてしまうケースも増えてきた。もちろんドイツ海軍も手をこまねいていたわけではなく、いくつかのレーダー警戒装置や欺瞞《ぎまん》装置が開発されている。

レーダー警戒装置とは敵のレーダーが発信したレーダー波を捉えると警報音を出す装

置で、浮上するとすぐにこの警戒装置のアンテナを立て、警報が鳴ると直ちに潜水することになっていた。

イギリス軍が開発した対潜水艦兵器ヘッジホッグ

「アルブレヒ」と命名された合成ゴム製の吸音タイルを艦体に貼り付けてソナーに探知されにくくするという方法も開発されたが、部分的にタイルが剥がれてしまい、かえって探知されやすくなったそうである。これは適切な接着剤が開発されて解決した。

「ボールド」と呼ばれる欺瞞装置は、直径10センチの缶の中に水素を発生させる発泡剤を詰めたもので、潜水艦の分身となる。海中に放出され、一定の深度に達すると弁が開き海水が流入し泡を吹き出す。これがソナーに引っかかり敵艦に潜水艦がそこにいると誤認させるのだ。

「アフロディーテ」はアルミ箔の吹流しを気球

で吊って放球したもので、敵の発信したレーダー波をアルミ箔が反射し、敵のレーダーを撹乱するのに使われた。

これら警戒装置や欺瞞装置は一定の成果を見せたものの、本質的な解決には繋がらないのだった。この劣勢を覆す方法はただ一つ、これまでとは隔絶した、超高性能なUボートを開発することであった。

開発失敗からの復活

ヘルムート・ヴァルター技師は本書で何度か登場しているが、もともとは大気に依存しない潜水艦や魚雷の動力源の研究を行なっていた。

「大気に依存しない」とはどういうことかというと、当時の潜水艦は水上を航行する時間の方が長く、その間は艦内のディーゼルエンジンで航行していた。この間は通常の船舶と同じく、大気中の酸素で燃料を燃やしており、同時に発電機も回して蓄電池に充電している。潜行して航行する際には大気から酸素は取れないため、水上で充電した蓄電池を使い、モーターでスクリューを回して航行するのだ。

XVⅢ型の船体設計を活かして開発された「XXI型潜水艦　U-3008」

　だが、この方法には欠点があった。当時の蓄電池は性能が低く、水中での航行性能が低かった。蓄電池を大量に積めない中型艦では4ノット（時速7キロメートル程度）という低速で移動しても百数十キロメートルしか移動できず、水上でたっぷりの空気を吸い、エンジンをガンガン回して移動できる駆逐艦に発見されると、浮上もできずにやられてしまう危険性があった。

　最大速度自体はもう少し速い艦もあったが、全力航行すると今度は蓄電池があっという間になくなってしまう。これを防ぐにはただひたすら見つからないようにするしかなく、それが潜水艦の真骨頂ではあるのだが、当時の潜水艦は現代の潜水艦のように潜りっぱなしではいられない。基本的に水上を航行する「潜行する能力

シャープな船体の「XXI型」

もある水上艦」に近い存在だったのだ。
　ヴァルター技師が研究していた「ヴァルタータービン」は過酸化水素が化学反応した時に出る熱と気体を利用して回転力を取り出す装置で、艦内の燃料だけですべてが賄えるため浮上して充電する必要がない上、蓄電池とは比較にならない馬力を出すことができる予定だった。
　また、このヴァルタータービンを搭載する潜水艦も艦全体を流線型にすることで、それまでの艦とは比較にならない高速潜水艦になるはずであった。この当時の潜水艦は水上航行する時間の方が長いため艦型が水上艦に近く、水中での運動性に問題があった。現代の潜水艦のように、完全に水中航行に特化した丸い船首を持つ艦が誕生するのは戦後のことである。
　このヴァルター技師の艦はＸＶⅢ型と呼ばれ建造が試みられたが、ヴァルタータービンの信頼性の低さは如何ともし難く、結局計画は中止され量産はされなかった。しかし、その流線型の艦体は優れており、艦体の設計を再利用して通常動力の潜水艦を建造することとなった。これはXXI型と命名された。

第二次大戦最強の戦闘艦

1943年の8月、デーニッツはXXI型の建造許可を出した。デーニッツはXXI型に大きな期待をかけていたし、その期待に応えられる船でなければUボート部隊の危機は救えなかった。そのため、XXI型には思いつく限りの最新装備が与えられ、また、大量生産が可能なように初めから配慮して計画が練られていた。

まずXXI型は、水中での航行をより重視した設計を採用していた。これは高速潜水艦XVIII型の艦体を流用しているので当然ではあるが、当時の潜水艦としては画期的なことだった。また、蓄電池も通常の艦より多く積んでおり、水中での能力が旧来の潜水艦と比較にならなかった。通常のUボートの水中での最高速度が8ノット（時速約15キロメートル）なのに対し、XXI型は17ノットに達し、水中での航続距離も通常のUボートが最大240キロメートルほどのところ、XXI型は最大で676キロメートルという、とてつもない性能を持っていた。最大潜行深度は220メートルで、敵の手の届かない深海に逃げ込むことができた。

また「シュノーケル」と呼ばれる装置も取り付けられた。シュノーケルはこの頃のドイツの潜水艦には一般的な装備で、吸気管と排気管を組み合わせた筒を海上

矢印がシュノーケル

に突き出し、船体を水面下に隠したままエンジンを回して充電ができるようにする装置である。ただし、エンジンを回し続けるため騒音で自艦の聴音性能が低下したり、弁が波によって急に閉じるとエンジンが艦内の空気を吸い込んで急激に気圧が下がり、乗組員に耳痛や窒息、歯の詰め物が飛び出すといった問題を起こすこともあった。後に弁が閉じるとエンジンも停止するように改良されている。

ＸＸＩ型には水上航行及び充電用のディーゼルエンジンと水中航行用のモーターの他に、無音航行用の低出力モーターが搭載されていた。これは非力だが騒音が非常に小さ

ブロックごとに生産されるXXI型。高性能で作りやすい艦になるはずだった。

く、忍者のようにゆっくり忍び足で移動することができた。

主力兵装の魚雷発射管は艦首左右に3門ずつの計6門、しかも新型の急速再装填装置が搭載されており、全門発射しても20分で再び6門再装填して発射することができた。

主力魚雷のG7魚雷は全長7・17メートルの巨大なものであり、本来なら再装填は大仕事で、艦種によっては港に戻らなければ再装填できないほどで、20分というのは画期的な速さだった。XXI型は23本もの魚雷を積み込むことができた。無論、音響誘導魚雷のようなハイテク魚雷も搭載できた。

航空機対策として、艦橋の前後に流線型のカバーに収められた2基の2連装20ミリ機関砲が取り付けられ、攻撃しようと向かってくる敵の攻撃機を牽制することができた。

これほどの高性能艦でありながら、XXI型は大量生産が可能だった。船体を細かなブロックに分け、たくさんの工場で分散して建造し、3カ所ある最終組み立てを行う造船所に部品を集め、一気に完成させるブロック工法を採用し、最新鋭艦でありながら、旧型艦よりむしろ少ない手間で完成させることができた。ただし、造船所が爆撃のいい的になってしまうため、ブンカー（コンクリート製の掩体壕《えんたいごう》。英語ではバンカー）の中に組み立て工場を作らねばならなかった。計画通りに進めば、この世界最強の攻撃型潜水艦が56時間に1隻の割合で完成する予定だったという。XXI型は高速で敵船団のいる海域へ向かい、無音で忍び寄り、魚雷を高速で連続発射し、混乱の中、高速でその場から消えることができるという、まさに海の最終兵器だったのだ。

作ってはみたものの

戦況が切迫していたため、XXI型の建造と配備は緊急を要した。そのため最初の艦の建造が始まった段階で、なんとまだ設計が終わっていなかった。つまり試作艦なしでぶっつけ本番で建造を開始してしまったのである。

このことは後々まで尾を引き、完成して海に出たと思ったら不具合が見つかり造船所に逆戻り、という事態が頻発し、この作業に工員が駆り出されて生産が停滞した。各地で生産されたパーツは小さいものはトラックや鉄道で、大きなものは艀《はしけ》に載せて水路で運ばれたが、問題になったのはむしろ造船所内の移動に使う回転台や巻き上げ機で、鋼材不足の中で船体を作る以前に工場の設備を新設しなければならなかった。

また、自分の街が爆撃され、家族の安否確認に行った工員達を工場に戻すための輸送手段がなく労働力不足に陥ったり、部品が爆撃で届かなくなるなど問題が続出した。1944年、4月20日のヒトラー誕生日に「新鋭艦完成」を間に合わせるよう命じられ、最終的に建造中のXXI型に浮きを付けて造船所から引き出し、完成したように見せかけたのち、造船所に戻すという無意味な手間まで強要されたこともあった。XXI型建造計画は理論上は優れていたのだが、実行するには資材も労働力も足りなすぎて、1943年には385隻建造できると見積もられていたが、1944年には288隻に削減され、実際に進水したのは120隻だった。

だが、先にも述べた通り、完成しても未完成も同然の状態で、なかなか実戦に配備できる状態にならなかった。また、乗組員の確保も問題になった。これまでの艦の改良型ではなくまったくの新型艦であるため、新兵であろうがベテランであろうが艦の操作に慣れるのに多くの時間を必要とした。このため実際に戦闘行動が可能な艦は、建造されたうちの数隻だけだったといわれている。それすら終戦直前のことであり、結局ＸＸＩ型は実際の戦闘は行わなかった。

ＸＸＩ型が実戦で行なったのは実地試験や哨戒任務である。Ｕ‐２５１１は哨戒作戦を行いイギリスの対潜水艦部隊と遭遇するも易々と逃げ切り、巡洋艦サフォークを発見し距離６００メートルで模擬魚雷攻撃を実施。すでに降伏するよう指示が出ていたため実際の発射は行わず、そのまま気づかれずに帰投している。Ｕ‐３００８もイギリスの船団に模擬攻撃を仕掛け、まったく発見されなかった。

ＸＸＩ型は計画通りに建造されていれば、連合軍に手痛い打撃を与えたに違いない。ＸＸＩ型は戦後も数年は通用するほどの先進性があり、紛れもなく第二次大戦最強の攻撃型潜水艦だった。しかし、それは改修し、作り直し、乗組員を育成し、大量生産した後の話であり、それを実戦で活躍させるだけの力は、末期のナチス・ドイツにはもう残っていなかったのである。

Nazi secret weapons 12

【独米高高度戦闘機、雌雄を決せよ】

フォッケウルフTa152

——Focke-Wulf Ta 152

飛行機黎明期の少年

20世紀の初頭、飛行機というものは未だ発明されたばかりでまだヨチヨチ歩きだったが、毎年確実に進歩しつつあった。この頃ドイツのブレーメンに1人の少年が住んでいた。

その名はハインリッヒ・フォッケ。のちに偉大な航空技師となり、野心作を次々に送り出すことになる男である。だが、当時は飛行機に夢中なただの少年にすぎなかった。フォッケはどうしても飛行機が作りたくて、高等工業学校在学中に友人と自作飛行機作りに乗り出す。もちろん、若者が小遣い銭を集めて自作した飛行機の性能などたかが知れており、この時の機体は浮かびもしなかったようである。

しかし、飛行機少年フォッケの噂は広まっていたらしく、ある日、1人の少年が訪ねてくる。街の見習い工だったゲオルグ・ウルフである。飛行機に夢中のフォッケとウルフはたちまち意気投合し、少ない資金を切り盛りしながらなんとか自作飛行機作りを続ける。しかし、初めて飛行可能な飛行機を製作したほんの1～2年後に第一次大戦が勃発、フォッケとウルフは徴兵されてしまう。

一方その頃、同じ第一次大戦の戦地に、1人の少年騎兵がいた。その名をクルト・タンクという。後にフォッケと運命的な出会いを果たすのだが、当時はまだ無名の一兵士にすぎなかった。

その名はフォッケウルフ航空機製造会社

なんとか第一次大戦を生き延びたフォッケとウルフは今度こそ存分に飛行機の研究をしてやろうと意気込んだ。ところが、第一次大戦で敗北したドイツは、ヴェルサイユ条約によって飛行機の製造を禁止されてしまうのである。

すでに試作機を作っている最中だったフォッケとウルフは、地下室で製作を続けたそうである。

飛行禁止令が緩和され、この試作機が飛んだのを見た実業家たちはそこにドイツの飛行機の未来を見たのだろうか、すぐに資金援助を申し出た。

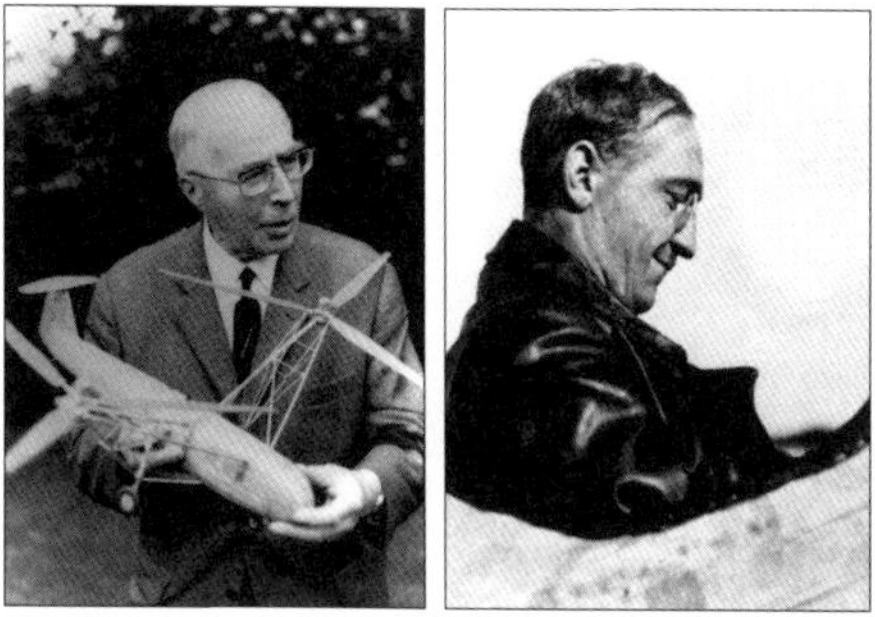

ハインリッヒ・フォッケ（左）とゲオルグ・ウルフ（右）。
フォッケは設計を、ウルフはテストパイロットを担当した。

資金繰りが一気に解決したフォッケとウルフは製品として飛行機が作れるよう製作所を整備し、ここに「フォッケウルフ航空機製造会社」が誕生する。戦間期の平和な時代にいくつかの傑作旅客機、輸送機を製造販売し、フォッケウルフの名声は少しずつ高まっていた。しかし、ここで思いもしない悲劇が訪れる。

なんとゲオルグ・ウルフが試作機のテスト中に墜落、死亡してしまったのである。親友であり片腕であるウルフを失ったフォッケは落胆した。しか

クルト・タンク（右）

し、いつまでもクヨクヨもしていられない。フォッケはその後も次々と傑作を作り上げてゆく。

やがて、ナチス政権下での航空機メーカーの再編の中で、アルバトロスというメーカーがフォッケウルフに吸収される。そのアルバトロスの技師だった1人の男が、颯爽とフォッケウルフ社に現れた。クルト・タンクである。タンクは騎兵として勤務していたが、実は飛行機に強い関心を持っていた。戦争が終わると大学に進学するが、入学当初は飛行機の研究が禁止されていたため飛行機の勉強ができず、電気について学んでいたようである。

やがて飛行機の研究ができるようになると、タンクは取り憑かれたようにグライダーの製作と操縦に熱中する。それはもう努力などというものではなく、天性の才能だったのだろうか、気がつくとタンクは「元騎兵にして腕利きパイロットの天才技術者」という、まるで漫画に出てくるヒーローのような人材に成長していた。

タンクは飛行艇の名門ロールバッハ社、航空機メーカーのバイエルン航空機製造会社（後にメッサーシュミット社となる）を渡り歩いたのち、アルバトロスに入社するも今回の吸収合併に遭い、新進の中規模メーカーで腕を振るおうとそのままフォッケウルフに残ったのである。

この頃、フォッケ自身はヘリコプターの研究に注力しており、飛行機の設計主任となったタンクの双肩にフォッケウルフの飛行機の未来がかかっていた。

ライバル！　メッサーシュミット

ナチス党としては、世界と戦っても負けない新鋭戦闘機が欲しかった。

最初に制式採用されたのがメッサーシュミットＢｆ１０９である（ちなみに略称がメッサーシュミット社のＭｅではなくＢｆなのは、前身のバイエルン航空機製造会社時代に開発された機体のため）。

Ｂｆ１０９は先進的な高速での一撃離脱を意識した戦闘機で、運動性能より速度を重視していた。しかし、当時の飛行機の進歩のスピードは非常に速く、休みなく改良を続

メッサーシュミットBf109

けてゆかねば昨日の高速機は今日の鈍足機といった具合に、すぐに旧式化してしまう。

Bf109も敵機と抜きつ抜かれつの改良を繰り返していたが、Bf109は敵機の改良型に度々後れをとる事態を招いていた。先進的な戦闘機として世界に先駆けて登場したBf109は、それゆえに敵の新型と比べると基本構造が古かった。また、航続距離が短いのに長距離侵攻する爆撃機の護衛に使われるなど、設計と使用方法が乖離する場面もあった。

メッサーシュミットは政治的にナチス党に近いため、戦闘機などで他社との競作になると採用されやすかったが、メッサーシュミット1社にべったりというわけにはいかず、「補助的な戦闘機」を開発しないかという打診がフォッケウルフに届く。タンクは「補助的」などと言わず、ドイツ最強の戦闘機を作ってやろうと

フォッケウルフ Fw190の試作機 V1型

意気込んだ。

タンクが考えたのは全開にすればどの戦闘機よりも速く、格闘戦をすればどの戦闘機よりも素早く旋回し、整備しやすさも頑丈さも抜群という機体である。戦地にいた経験のあるタンクは、戦地では精密な整備は難しいことや、徴用された整備士やパイロット全員の腕が立つわけではないこと、飛行場も整備されているとは限らないことも理解しており、並みの人員が扱っても十分戦える機体を目指した。タンク曰く、戦場で役に立つのは「競走馬ではなく騎兵の馬」である。無論、言うだけならなんでも言えるが、タンクは確かな技術で新型機を設計していった。

この機体はＦｗ１９０と命名され、テストされた。最初の試作機Ｖ１型が試験場で軍のパイロットによって試験された時、パイロットたちはその性能の高さに驚いた。速度はＢｆ１０９のように速いのに、運動性は遥かに勝っていたのである。

ただしＶ１型試作機には問題点もあり、飛行中にコックピットの温度が上昇しすぎることで、摂氏55度にまで上昇したという。これは空気抵抗を減らすために空冷エンジンを包むカウリングの直径を極限まで細くし、特に大きくしたプロペラの整流用のスピンナーと一体になる形にしたため、冷却不足に陥ったのが原因だった。無論スピンナーにも吸気口が空いていたが、その程度では追いつかなかったのだ。

さすがにこれはやりすぎなので、通常のスピンナーに戻し、内部に空冷用のファンを設置、エンジンを別のものに交換することで加熱問題を解決している。

新鋭機見参！

Ｆｗ１９０の高性能はもはや「補助的な戦闘機」などというものではなく、実力の上では「次世代の主力機候補筆頭」と言ってよかった。現に高性能である、という事実を、すでに戦争を始めていたナチスも無視することはできず、第二の主力戦闘機としてＢｆ１０９と並行して生産することとなる。どちらも細かい改良が加えられる中で性能もさ

実戦投入されたフォッケウルフ Fw190A 型

らに向上し、ドイツを代表する戦闘機となってゆく。中堅メーカーの製品が、大手メーカーの製品と肩を並べたのである。

Ｆｗ１９０は「頑丈な騎兵の馬を」というタンクの思想が十分に反映されている。

Ｂｆ１０９では着陸脚の脆弱さが問題になっており、着陸時の事故をよく起こしていた。戦地を知っているタンクは着陸脚を頑丈に、間隔を幅広くとって取り付ける設計にした。これにより乱暴に降りても転倒したり破損したりしにくくなった。また、機体から突き出して空気抵抗の元になっていたオイルクーラーを環状にして機首のカウリング前面に埋め込み、エンジン共々冷却する構造にした。これにより空気抵抗を減らすことができた。破損部分はコンポーネントごとに丸ごと新品に交換できる構造で、素早く修理することができた。

変わっているのは武装の配置で、機首コックピット前と主翼の付け根に左右計4丁の機関銃を装備している（種類、口径は生産タイプによって異なる）。機関銃は当然照準器のあるコックピットに近い方が命中させやすいのだが、機首にプロペラがあるレシプロ戦闘機ではプロペラの羽根の間を縫って弾丸を飛ばさねばならず、そのために機関銃の弾の発射タイミングとプロペラの回転を同調させるプロペラ同調装置を取り付けるのだが、4丁同時に同調させるのは相当に高度な技術だった。

操縦系で特筆すべきはスロットルレバーを操作するだけで、他の機体では手動だった燃料流量、プロペラのピッチ角調整、回転数、過給機の制御、混合気の濃度調整をすべて自動調整する統制装置がついていることで、いわばマニュアルのカメラが性能をそのままに全自動カメラになったようなものだった。これにより操作に慣れない新人が乗っても操縦に専念できるようになった。

エンジンには機体がどのような姿勢であろうと燃料を正しくエンジンに送る燃料直接噴射式を採用、機体内部にアクセスする開閉パネルも大きく頑丈に作り、整備しやすくしてあるなど、まさに強健で誰が乗ってもたくましく走る「騎兵の馬」だった。

Fw190D型。高高度に対応するためにエンジンを変更するなど改良を加えた。

味方ですら驚いた高性能機だから、戦場で対戦した連合軍のパイロットはたまったものではなかった。

戦闘機の大部隊を英仏海峡に展開してドイツ軍をおびき出す作戦を実施したイギリス軍は、その作戦に対するドイツ軍の暗号を解読、自軍がドイツ軍の部隊に115機の損耗を強いているというそれまで集めたデータが実は過大で、実際は24機しか破壊していないと知らされる。その間にイギリス軍は107機を失っていた。互角だと思っていたのに、実際には大負けしていたのである。そしてその原因は新鋭戦闘機Fw190だった。驚いたイギリス軍の将校には、特殊部隊を送ってFw190を研究用に1機盗んでくる作戦を計画する者までいた。

ところが、1942年6月、あるドイツ軍のFw190パイロットが、占領下フランスのドイツ軍基地と間違えてイギリス軍基地に着陸するという大ポカをやらかしてしまう。微に入り細に入りFw190を研究したイギリス軍は、Fw190に決定的な弱点があることを発見する。高度5500メートル付近で最大の性能が出せるが、エンジンの性能の問題でそれより高度が高いと急速にエンジン出力が低下するのである。

高高度に弱いというFw190の欠点は、今後1万メートルを超えて飛ぶであろう敵機との対戦に大きな不安を残していた。

3人の空の男の名をいただいて

ドイツ航空省にアメリカ軍の新型高高度爆撃機の情報がもたらされたのは1942年末から43年頃のことだった（のちのB‐29、B‐32のこと）。

これらを撃墜するには高高度においても高速で軽快に飛行可能な戦闘機が必要だった。

しかし、肝心のFw190は高高度に弱い。タンクはFw190の高高度型Fw190D型を作るもその性能には満足しておらず、全面的にFw190Dを改良する

Fw190Dにさらなる改良を施した「フォッケウルフ　Ta152」

ことにした。エンジンはD型にも載せた液冷式のユモ213の改良型を、機体は空気の薄い高高度でも運動性を確保するため主翼を4メートル近くも延長、細長い液冷エンジンを載せたこともあって、機体は縦横に細長くなり、単発レシプロ機としてはかなり異質なシルエットとなった。

驚くのはその高高度性能で、なんと上空1万2500メートルで最高時速750キロメートルも出すことができた。一時的にエンジン出力を上昇させる「MW50・水メタノール噴射装置」も搭載し、数分間だけ出力を3～4割もアップさせることができた。操縦席は気密構造で内部は与圧されており、極端な気圧の低下を防いでいた。武装は主翼付け根の20ミリ機関砲2門とプロペラの回転軸から砲口を突き出して発射する、モーターカノンという方式の30ミリMK108機関砲（武装は生産タイプにより多少異なる）で、これは数発当てれば爆撃機でも粉砕できる代物だった。低空での運動性も良好で、連合軍の第一線の戦闘機と低空で戦っても負けない性能があるとみられていた。

タンクはこの会心の傑作に自分の略称を付けたくなり、航空省も認めたため（略称をつける権利を贈られたとする説もある）、ここに高高度戦闘機「フォッケウルフ Ta152」が誕生する。フォッケとウルフ、そしてタンクという、3人の空の男の名を掲げたこの機体は、P‐51Dムスタングと並んで第二次世界大戦最強の戦闘機だと考える航空ファンも多い。

しかし残念なことに、Ta152は戦場に登場するのがあまりに遅すぎた。実戦に現れるのは1945年2月になってからで、5月のドイツ降伏まであまりに短すぎた。それでも12機ほどの敵機を撃墜し、1機も撃墜されなかった（異説あり）という。結局本格的な、高高度での敵の重爆撃機編隊及びその護衛機のムスタングのような高高度戦闘機との激しい空中戦は行われず、実戦で雌雄を決することはなかったため、本当に強かったのかはわからない。

しかし、興味深いエピソードがある。テストパイロットとしても名を馳せたタンクがＴａ１５２を自ら操縦して飛行していたところ、連合軍のムスタングと遭遇してしまう。タンクは急いで逃げ出した（もともと機関砲の弾を積んでいなかったという説と民間人なので戦闘を避けたという説がある。ちなみに国際条約を厳密に適用すると、軍人でも民兵でもない民間人が戦争時に交戦することは禁止されている。民間人が敵兵を殺した場合、単なる殺人事件である）。

タンクの操縦するＴａ１５２はＭＷ50を作動させムスタングをぐんぐん引き離し、うまく逃げ延びることができたという。

戦後、タンクは南米アルゼンチンやインドで航空機開発に従事した後、当時の西ドイツに舞い戻る。フォッケウルフ社は合併によりＶＦＷ社となっており、後に幾度もの吸収合併で他のメーカーとともにエアバス社となる。タンク自身は後進の指導にあたり、来日したこともあるという。

ハインリッヒ・フォッケは１９７９年、クルト・タンクは１９８３年に死去し、飛行機の黎明期からジェット機時代まで見続けた男たちの時代は終わるのである。

Nazi secret weapons 13

【世界初のアサルトライフル】

StG44突撃銃

――Sturmgewehr 44

歩兵の武器の歴史

鉄砲という武器は、要するに鉄の筒の中で火薬を爆発させ、その勢いで弾丸を飛ばす装置である。戦国時代に使われた「種子島銃」は、銃身の中に火薬と弾丸を押し込み、火縄で火薬に点火して弾丸を飛ばす火縄銃であった。

最初は1発撃つごとに火薬と弾丸を押し込む必要があるために連射ができず、突撃してくる敵を遠距離から狙撃するのが主な用途だったが、19世紀に火薬を詰めた薬莢《やっきょう》をハンマーや撃針で叩くことで発火させられる銃弾が発明されると、機動的に動き回りながら使える武器になった。

第一次大戦の塹壕戦では、ボルトアクションライフルが活躍した

第一次大戦の頃にもっとも多く使われたのが「ボルトアクションライフル」である。これは手元のレバーを引っ張ることで薬室を開放して空の薬莢を捨て、再び押し込むことで次の銃弾を装填する仕組みで、それまでのライフルと比べると格段に早く銃弾を再装填できた。このボルトアクションライフルは機械のような連射はできないが動作が確実で狙撃に向いており、いまでも狙撃銃として使われる機種もある。第一次大戦時の塹壕戦では、塹壕から頭を出してこのライフルを構え、同じように撃ってくる敵兵を射殺するという閉塞した戦いを続けていた。

このボルトアクションの機構を手動では

なく発射時のガス圧で作動するようにしたのがオートマチックライフルである。オートマチックライフルは引き金を引くだけで撃てるので、戦闘時の扱いやすさが飛躍的に向上した。

一方、片手でも撃てる小型の武器として発達したのが「ハンドガン」つまり拳銃である。拳銃も初期には連射のできない使いにくい武器だったが、やはりハンマーや撃針の打撃一発で発火する薬莢が発明されると飛躍的に使いやすくなり、第一次大戦の頃にはすでに引き金を引くだけで発射できる自動拳銃が実用化されていた。

さて、ライフルと拳銃、大きさと用途が違うのは当然だが、もう一つ決定的に違う部分がある。それは使用する弾丸である。ライフルの弾丸は国によって違いはあるが、ドイツのライフルが使っていたのは7・92×57ミリ弾で、これは細長い形をし、薬莢内にある発射用の装薬量が多く射程が長く威力も大きかった。

拳銃に使われていたのは9ミリ弾と呼ばれる自動拳銃用の小さな銃弾で、これは片手でも撃てるように装薬量が少なく反動が小さかったが、反面で射程距離が短く威力もライフルほどではなかった。

この拳銃弾を高速で連射して、至近距離に肉薄した敵兵を制圧するために作られたのが「サブマシンガン」である。

戦術の変化に対応せよ

第一次大戦の頃には塹壕からお互いに撃ち合い、優勢な方が銃身の先端に短剣を装着して槍のように「銃剣突撃」して敵の塹壕を分捕り、味方の陣地を少し広げる、という真っ正面からぶつかり合うような戦術で戦っていた。

しかし、第二次大戦が始まると戦術はより機動的で柔軟になり、散開した兵が物陰に隠れ、お互いに援護し合いながら敵を追い詰める戦法に変わる。そこで一つの問題が持ち上がってきた。

ライフルに求められる性能が威力と射程距離よりも、速射性と持ち運びやすさと携行弾数の多さに変わってきたのである。

ドイツ軍の主力ボルトアクションライフル「マウザーＫａｒ98ｋ」はライフルとしては傑作だったが、全長が１１００ミリもあり長く取り回しにくい（ライフルとしては短かったが）。また、敵に接近する機動的な戦いでは、高威力の銃弾は射程距離が無駄に長すぎ、携行する銃弾も不必要に大きくなった。そもそも弾倉に一度に5発しか込められないため、激しい撃ち合いになると頻繁に弾を込め直さなければならなかった（Kar98kの銃弾は5発をとめたクリップを解放した機関部に押し込むことで装填する）。だからと言って拳銃弾を使用するサブマシンガンでは、今度は威力がなさすぎ射程距離が短すぎるのである。

そこでドイツ軍は1942年、銃器メーカーのヘーネル社とワルサー社に、わざと威力を落として装薬量を減らし、反動と重さを抑えた7・92×33ミリクルツ弾を使用する試作オートマチックライフルの製作を依頼、これはMkb42と呼ばれ、ヘーネル型とワルサー型にそれぞれ（H）と（W）という記号がつけられた。この2種類の試作ライフルから試験の結果ヘーネルのものが選ばれ、1943年に東部戦線に試験投入された。

これを受け取った兵士はその高性能にすっかり惚れ込んでしまう。適度に短い940ミリの全長に30発も入る長いマガジン、機関銃のような連射力、クルツ弾は小さいのでたくさん予備弾を携行でき、反動は小さくその威力も400メートルまでの中距離では十分だった。

試験運用した部隊は早速追加で送ってくれと要請してくる。ところが、これを阻んだ

傑作ライフル「マウザーKar98k」。戦争が進むにつれ、改良の必要が出てきた。

のがヒトラーだった。

アサルトライフル誕生

第一次大戦に従軍した経験のあるヒトラーは、ライフル弾の威力を信頼していたともいわれている。また、ライフル弾には大量の在庫があり、新たにクルツ弾を注文するのは無駄だと考えたといわれている。そのためMkb42の開発に待ったがかかったのである。もっとも、現場ではMkb42が高性能な武器であることはわかっており、Mkb42（H）を生産中のサブマシンガンMP40の改良型「MP43」だとごまかして、密かに開発を続行していた。

「StG44」。機関銃とライフル、サブマシンガンの機能を併せ持つ銃だった。

最終的にヒトラーも理解を示したため、ヘーネル社の「MP43」が、機関銃とライフルとサブマシンガンの機能を併せ持つ新型の銃「StG44」として制式採用された。

この、「あえて威力が強すぎない銃弾を使う連射可能で軽便なオートマチックライフル」は戦後の歩兵の主力武器の原型となり、このようなライフルは「突撃銃（アサルトライフル）」と呼ばれる。StG44は現代にも通じる先進的な武器だったのである。

余談になるが、StG44にはいくつか興味深いアタッチメントが開発されている。一つは赤外線暗視装置「ヴァンパイア」である。これは赤外線照射装置と赤外線を可視光に変換するカメラで構成されたシステムである。

物陰に身を隠しながら敵を撃つことができる「クルムラウフ」

人間は肉眼では赤外線を見ることはできないので、まさに吸血鬼のように暗闇の中で一方的に敵を撃つことができた。もっとも電源であるバッテリーはもちろん、機器本体もかなり重く疲労しやすかったらしい。結局実戦ではほとんど使われなかったようである。

もう一つは「クルムラウフ」と呼ばれる曲がった銃身で、物陰や戦車の車内から銃身を突き出し、死角にいる敵を撃つことができた。人気漫画『MASTERキートン』に銃身が曲がった銃で敵を撃つシーンが出てくるが、その元ネタがこのクルムラウフである。もっとも、強引に銃弾の進路を変えるのはやはり無理があり、命中精度は悪く銃身も銃弾も破損しやすかったそうで実戦ではあまり使われていない。

Nazi secret weapons 14

ナチスの最終兵器開発

原子爆弾

——Uranprojekt

地球を滅ぼす兵器

通常の火薬は火がついて燃焼した際に、元の火薬の体積をはるかに超える燃焼ガスが高速で広がることで爆発が起こるものである。要するに物が燃えて燃焼ガスが発生するという、我々にも理解しやすい物理現象に基づいている。

だが、それとは異なる物理現象による爆発もある。

20世紀最高の天才といわれた物理学者のアルバート・アインシュタインは、1907年に「$E=mc^2$」という式を発表した。これは物質の質量とエネルギーは互換の関係にあり、質量が消滅する時、莫大なエネルギーに変換されることを意味する式で、宇宙の

核分裂反応を発見したハーン博士（左）とマイトナー博士（右）

成り立ちや物理法則に関わる根源的な現象であり、人類社会の宇宙観自体を根底から見直すきっかけとなる発見だった。

それからしばらく後の1938年、ドイツ人の物理学者オットー・ハーン博士とフリードリッヒ・シュトラスマン博士はウラン235という物質に中性子を当てると、ウラン235より軽い物質が観測されるようになる現象を発見。ハーン博士に見解を求められたリーゼ・マイトナー博士らはウラン235の原子核が分裂して別の物質に変わっているのではないかと解釈し、ここに「核分裂」という現象が発見された。

不思議なことに原子核を構成する陽子と中性子は、バラバラの時より結合して原子核を形作っているときの方が軽い。これは質量が結合するためのエネルギーに変換されているためだ。ウランの原子核が分裂して

広島に投下された原子爆弾リトルボーイ

より軽い物質になる時、もともと質量だったこの結合エネルギーが解放される。

これをアインシュタインの式と照らし合わせれば、核分裂によってエネルギーが発生するということになる。もしこのエネルギーを爆弾に応用したならどうなるか。火薬の燃焼によるガスの膨張などとは比較にならない、宇宙の根源的なエネルギーによる爆発である。仮にリンゴ1個ぶんの質量が東京タワーあたりで消滅しすべてエネルギーに変換されたら、関東地方が完全に破壊されるといわれている。

のちに広島に落とされ、都市の市街地一つを完全に消しとばした広島型原爆「リトルボーイ」に積まれた65キログラムのウランのうち、実際に核分裂反応したのは876・3グラムと推定されており、そこから反応の際に消滅した質量は、1グラムにも満たないとされている。その程度の質量が消滅しただけで、都市が消えるほどの途方もないエネルギーが放出されるのである。

科学者の迷い

戦争直前の1939年頃、陸軍兵器局は科学者を集め「核分裂」に関する会議を繰り返し開いている。この頃のナチスの意向ではまだ原子爆弾の開発にGOサインを出すまでには至っておらず、研究を始めるかどうか、そのための原子炉を建造するかどうかという、初歩の段階で慎重に科学者の意見を集めていた。まだ核分裂という現象をコントロールするには程遠い段階で、むやみに原子炉を建設するのはかえって国内に原子力災害を引き起こす可能性もあった。

だが、戦争が始まると新兵器の開発は進めねばならず、核物理学者をいくつかの研究施設に集め、初歩的な実験を進めさせることとなる。1942年、カイザー・ヴィルヘルム学術振興協会にて、その中心人物となったのが、ノーベル賞を受賞した実績もある

ヴェルナー・ハイゼンベルク

ヴェルナー・ハイゼンベルク博士であった。博士は1939年にアメリカを訪問中、戦争が始まったため急遽ドイツに帰国していた。

戦争前にアメリカに滞在していたことからもわかる通り、科学者の世界は政治とは別で、世界各地に師弟や友人がおり、活発に意見を交換していた。国家同士は対立していても科学者個人としては友人がいるという関係もあり、ハイゼンベルクは原子爆弾開発につながる核研究にはあまり熱心ではなかったといわれている。また、友人にユダヤ人科学者も多かったハイゼンベルクは彼らを擁護する立場を取り続けたため、ナチスに心酔する科学者からは攻撃されたこともあった。

しかし、そうした状況にありながらも、「天才物理学者がドイツで研究をしている」という事実そのものが、連合国側にとっては脅威だった。そのため、連合国側は原爆開発の中心人物であるハイゼンベルク暗殺計画を密かに進行させており、危うく殺される寸前だったともいわれる。

原爆開発を阻んだもの

1939年に亡命ユダヤ人の物理学者レオ・シラードは、ナチスの原子爆弾開発の危険性をまとめた信書を作成し、これにアインシュタインの署名を添えてルーズベルト大統領に送った。

当時、ドイツは世界で最も核分裂の研究が進んだ国であり、連合国にとってそれは何よりも恐ろしいことだった。考えてもみて欲しい、ニューヨークやロンドンが、ある日突然に高温の爆風とともに消えてなくなり、跡地は放射能に汚染されるという恐怖が刻一刻と近づいてくるのである。

実際に使用可能な原爆を開発するには、莫大な予算と時間、優秀な科学者などの人員がたくさん必要であり、おいそれと始められるものではなかった。しかし、ナチスが原子爆弾を手に入れてしまう恐怖に耐えられず、結局アメリカでも原子爆弾の開発計画がスタートしてしまう。これが、かの有名な「マンハッタン計画」である。

だが、実際にはこれらは連合国の独り相撲であり、ドイツの原子爆弾開発は連合国が

マンハッタン計画でオークリッジに建てられた研究施設K -25のコントロールルーム。現在の価値で約230億ドル（約2.5兆円）もの予算が投じられた。

妄想したほど進んでいなかった。確かに理論面での研究は世界最先端に近かったが、実際に原子炉や原子爆弾を作るとなると、ドイツには理論を現実に実行するために必要な、あらゆるものがなかった。

まず、意外なことだが、ナチスは原子爆弾開発にそれほど熱心ではなかった。1発で敵国の首都を焼き払える武器をヒトラーなら欲しがりそうなものだが、当時の一般的な科学知識では、核分裂を兵器として使うというのは理解が難しく突飛で、優秀な研究者の多くがユダヤ人だったこともナチスが軽視する要因だったといわれている。核物理学を「非アーリア人種的」な科学とみなして軽蔑していたともいわれており、このような客観的視点のなさがナチスという独裁全体主義国家の欠点だった。

そもそも原子爆弾実現には莫大な手間と費用が必要であり、ナチスとしては本腰を入れて研究する価値があるとは見なしていなかった。そのため多くの優秀な物理学者を擁しながら、援助は微々たるもので、大規模な組織化も行わなかった。

正確に言えばナチシンパの科学者の中には、原子爆弾開発を強力に推し進めるべきだと考える者もいたし、連合軍のドイツ侵攻の際に武装親衛隊SSが原子力関係者を保護して回っていたという事実もあり、原子爆弾にまったく無関心ではなかったようだ。

どうやら明確な理由があるわけではなく、小さな無関心と無知と消極性が集まった結果として、原子爆弾開発が停滞してしまったようである。これは軍と科学界と産業界ががっちりスクラムを組んで原爆開発に邁進したアメリカとは対極の姿勢だった。

ハイゼンベルクも原子爆弾の開発には数年かかると見ており、軍需大臣アルベルト・シュペーアも「3～4年はかかる」という科学者の意見を聞いている。

また、原子炉の減速材（中性子を減速して核分裂を起こしやすくするのに使う）である重水は、占領地であるノルウェーのノルスク・ハイドロ電気化学会社から輸入しなければならなかったが、この施設はイギリス特殊部隊、レジスタンス、米軍による（その役割を考えれば当然だが）死に物狂いの猛攻にさらされて、1943年には輸入不可能になってしまったという。そもそも、ドイツ国内には肝心のウラン鉱石がわずかしかなかった。

優秀な物理学者の多くがユダヤ人であり、彼らが国外に脱出したのも痛手だった。しかし、ナチスとしてはそれが痛手だと考えることすらできなかった。

反対にユダヤ人が多く脱出したアメリカでは、豊富な人材に恵まれ、核開発がスムーズに進むこととなる。結局ドイツの原爆開発は現実には理論ばかり先行し、具体的には何もしていないも同然で、ドイツの占領地に原子爆弾開発の調査に訪れたアメリカのアルソス調査団の科学部門責任者、サミュエル・ゴーズミット博士はドイツの規模が小さい実験用原子炉、古びた建物を利用した研究施設を見て研究がほとんど進んでいなかったことを確認した。それは「小さな地下洞窟」「小さな繊維工場の一郭」「古い醸造所の教室」といった程度のもので、国を挙げてマンハッタン計画を推し進めているアメリカの超巨大研究施設に比べれば、お話にならない小規模な実験室にすぎなかった。

また、ドイツの科学者はプルトニウムという物質の存在を知らなかったといわれている。プルトニウムは原子炉を運転する過程で得られる人工的な物質で、理論上は発生す

1945年4月、アルソス調査団の調査を受けるハイガーロッホの核実験施設の原子炉。その規模はマンハッタン計画とは比較にならないほど、小さかった。

ることが知られていたが、ドイツにはまともに稼働する原子炉がなかったため、まさかアメリカがそれを作っていようとは思ってもみなかった。プルトニウムは後に長崎に投下された原爆に使用されている。

ちなみにゴーズミット博士がハイゼンベルク博士の研究所跡を捜索した際、2人で写った記念写真が出てきて同行した将軍を仰天させたという珍エピソードがある。

世界で活躍する科学者同士の繋がりとは、やはり政治とは異なるものなのだ。

原爆狂想曲が残したもの

最終的に、1人で大騒ぎをして莫大な予算と人員を費やして核開発に邁進したアメリカは、当時唯一の原子爆弾保有国となってしまう。その結果として、1945年の8月に広島と長崎に原爆が投下されることになる。

戦争末期のこの核兵器使用は、ナチスという共通の敵がいただけで本来思想的にアメリカと相いれなかったソビエトを大いに刺激し、戦争が終わって平和な時代になるどころか、お互いの核戦力を恐れるあまり自国の核戦力を強化するという、不毛な米ソ核開発競争に突入する。この最終兵器によるにらみ合い、実際の戦闘はないが一触即発の状態で均衡を保っていた時代を冷戦時代といい、最盛期には地球を何十回も滅亡させられる核兵器が存在していた。

この時代は「朝、普通に1日が始まっても、その日の午後には人類が滅亡しているかもしれない」という、言い知れぬ危機感の中で日常生活を送るという異様な時代であり、これが日本で「ノストラダムスの大予言」などの終末論を流行させ、カルト宗教を生み出すきっかけともなった。

米ソの他にもイギリス、フランス、中国、インドなどが核兵器を保有しており、ソビエトの崩壊によって冷戦構造が消滅しても、今度は北朝鮮が核保有を宣言するなど、平和とは程遠い状況である。

【第三章】斬新すぎる発想

「幻の奇想兵器」

Nazi secret weapons 15

【伝説となった幻の矢】

ドルニエDo335 〝プファイル〟

——Dornier Do 335

飛行艇の男

第一次大戦下のドイツ、空中爆撃艦として知られたツェッペリン飛行船の工場に1人の技師がいた。クラウデ（クラウディウス）・ドルニエである。ドルニエは飛行機の研究も行なっており、早い段階で飛行機に木材ではなく軽金属を使うことを考えていた。ドルニエの名を世界が知ったのは、卓越した飛行艇の設計者としてである。

1917年、ドルニエは「ドルニエ式飛行艇」の特許を取得する。ドルニエ式飛行艇とは、それまで船体とは離れた場所についていた主翼のフロート（水面に浮かぶため

クラウデ・ドルニエ（右上）と、戦前の傑作機「Do J〝ヴァール〟」

の浮き）を、船体から左右にはり出す形で一体化して取り付ける形式の飛行艇である。アニメ映画『紅の豚』でこの形式の飛行艇を見たことがある人も多いのではないだろうか。

1922年に完成した「ドルニエDo J〝ヴァール〟（クジラ）」は、民間用の旅客飛行艇としては当時最高クラスの傑作機だった。しかし、敗戦で貧しかったドイツではあまり売ない（そもそもドイツでは飛行機の製造が禁止されていた）。そこでドルニエは、スペインに営業に行ったり、イタリアに子会社を作るなどして奮闘。そのかいあって、ヴァールは改良型が1930年代に入っても生産され続けるほど人気を呼んだ。この成功のおかげで、ドルニエ社は一流メーカーの仲間入りを果たすことになる。

ヴァールに限らず当時の飛行艇の特徴の一つが、そのエンジン配置である。

飛行艇のエンジンは波をかぶったり、プロペラが海面を叩いて故障しないように高い位置に取り付けることと、エンジン不調時に海面に緊急着水してもその場で修理できるよう、人が乗る船体部分、機体の中心軸上に設置するのが当時のセオリーであった。しかし、当時のエンジンは1発あたりの馬力が弱く、大型飛行艇を飛ばすには2発は積みたいところである。

機体の中心軸上に二つのエンジンをどうやって積むか。当時主流だったのが、2発のエンジンとプロペラを背中合わせに設置するという方法である。このような配置を串型配置という。エンジンを前後に並べる串型配置には他に、前面投影面積といって前から見たときの面積の大きさが、エンジンを2発左右に並べるよりも当然ながらエンジン1発分少なく、その結果空気抵抗も少なくなるという利点があった。

ドルニエは串型配置のエンジンを研究するうち、エンジンユニットではなく機体そのものに串型配置のエンジンを載せた飛行機を構想し始める。

1937年に運用が開始されたBf110。期待ほどの性能は見せられなかった。

双発戦闘機の苦難

第二次世界大戦が始まる前の戦間期、重爆撃機編隊をどう護衛するか、あるいは撃墜するかが問題になっていた。当時のエンジンは力が弱く、エンジン1発では大型爆撃機に追従できなかったり、弱い武装しか積めず撃墜できない可能性があった。そこでエンジンを2発積んだ、大型の双発戦闘機が注目を集めることになる。

しかし、実戦が始まってみると、双発戦闘機は思いの外使いにくい機種だった。エンジンの性能が良くなって単発戦闘機でも十分速くなると、重武装だが重くて動きの鈍い双発戦闘機は手酷くやられてしまったのである。「駆逐機」

として鳴り物入りでデビューしたBf110が、昼間の戦闘では敵戦闘機の軽快な運動性にまるで追いつけず散々にやられ、運動性があまり要らない夜間戦闘機にされたのが有名な例である。双発機はパワーはあるが両翼に重いエンジンを載せているため、翼をひるがえすような挙動が遅く、旋回が鈍かった。また前面投影面積の問題で力が強いわりにスピードが伸び悩んだ。

しかし、エンジンのパワーアップはそれほど簡単にできるものではないし、やはり理屈上は単発機の2倍の馬力がある双発機にも捨てがたい兵器としての魅力があった。

実は戦争が始まる前から、ドルニエは串型配置の戦闘機の特許をとっており、串型配置の戦闘機の開発をいつでも始められる体制となっていた。しかし、航空省はこの特許に基づいた実験機の開発許可を出さず、しばらくこのアイデアは眠り続けることになる。

エースを抜き去った幻の矢

ドルニエのアイデアが日の目を見たのは1942年のことである。

敵戦闘機が強力になってくると、爆撃に向かった味方機が目標に到達することができず撃墜されてしまうという例が頻発し始める。これに困り果てたドイツ軍は、500キログラムの爆弾を搭載したまま、敵戦闘機の制空圏内をスピードに任せて強行突破できる高速戦闘爆撃機の仕様を提示する。

もちろん、無茶苦茶な要求であった。よほど細身でしかも敵の戦闘機を超える大馬力を持っていなければそんな芸当は到底できない。

この要求に対し、ユンカース社は機体の内部に2発のエンジンを積んで機首の二重反転プロペラを回す案とプロペラとジェットを両方積む案、メッサーシュミット社はBf109G型を2機連結した双発機を、アラド社は通常形態の双発機を提案、しかし、最もスマートで優れていたのは1800馬力の強力なエンジンを2発串型配置する、ドルニエ社の串型戦闘機であった。

串型配置の利点は馬力が単発機の2倍ありながら、前面投影面積が単発機と変わらず、しかも両翼に重いエンジンがないため旋回の邪魔にならないことだった。そのため、うまくいけばかなりの高性能機になるはずだった。また、エンジンが左右にある通常の双発機と違い、片方のエンジンが停止した場合でも、左右の出力バランスの崩れによる機体の不安定を心配する必要がなかった。

ドルニエ Do335〝プファイル〟

ただし問題点もある。一番懸念されたのはパイロットが脱出した際、後部プロペラに巻き込まれてしまう心配があることだった。このため、脱出の際はボタンを押すと垂直尾翼が吹き飛び、後部プロペラが外れて飛散する構造になっていた。また、射出座席が装備されており、比較的安全に機体から離れることができた。

この機体はＤｏ３３５と命名され、〝プファイル（矢）〟という愛称（もしくは秘匿名称）がついていた。

プファイルには機首に1発、胴体中心部後ろ寄りに1発のダイムラー・ベンツＤＢ６０３エンジンが搭載されており、前部エンジンで前のプロペラを、後部エンジンから伸びた延長軸で後部プロペラを回した。プファイルはとんでも

Do335のコックピット。さまざまな計器やスイッチ類が並ぶ。

Do335のサイドビュー。機体が２枚のプロペラに挟まれている。

Do335には英のホーカー・テンペストを置き去りにしたという逸話もある

ない潜在力を秘めた機体だった。4回目の試験飛行でいきなり時速600キロメートルを叩き出し、後部エンジンだけでも時速560キロメートルで飛行できた。完成した生産型では、なんと時速760キロメートルを記録する。600キロメートル台でも高速機とされていた時代のことであり、これは驚くべき高速性能だった。

しかもプファイルは数発当てれば重爆撃機をも破壊できる強力な30ミリMK103機関砲をモーターカノン方式で搭載しており、機首にはMG151／20機関砲を装備、さらに胴体爆弾倉には爆弾を500キログラムから1トンも積むことができた。おそらくプファイルは当時最強の戦闘爆撃機だったのではないだろうか。

しかし、戦場で活躍することはなかった。

プファイルの量産体制が整いつつあった頃、すでにドイツの戦況不利は決定的になっており、連合軍の航空機による爆撃を受けていた。プファイルの生産工場も破壊され、量産することができなかったのだ。結局、プファイルは少数の生産にとどまっている。

ほとんど活躍の記録がないプファイルだが、戦争末期に面白い記録を残している。

フランス解放を目指す自由フランス軍（イギリスの庇護下で誕生したフランスの反攻組織）のエースパイロット、ピエール・クロステルマンがイギリス最速の戦闘機テンペストで飛行中、正体不明のドイツ軍戦闘機に遭遇、全速で追跡したがまったく追いつけず、あっさりと置いていかれてしまうという事件が起こった。この謎の戦闘機こそが、たまたま飛行中だったプファイルだといわれている。

プファイルは武装したレシプロエンジンの戦闘機としては限界に近い高速性能を持っており、これを超えるにはジェットエンジンしかなかった。そして、その通り戦争末期から戦後はジェットエンジンの時代となり、プロペラ機には速度は求められなくなったため、大馬力エンジンをさらに串型配置する、などという極端な戦闘機はプファイル以後、作られることはなかったのである。

Nazi secret weapons 16

毒蛇ロケットよ敵重爆を咬め！

バッヘムBa349″ナッター″

—Bachem Ba 349

追い詰められたナチスの要請

「ナッター」とは、ドイツ語でナミヘビ科のヘビのことで、一部に猛毒を持つものがいる。日本でいえばヤマカガシなどに相当するヘビである。草むらから突然飛び出して咬みついてくるこのヘビは、野外で活動する際に厄介な相手である。

1944年、もはやナチス・ドイツの運命は風前の灯火であった。連合軍の重爆撃機が数百機、密集隊形で飛んでくると、数も少なくなった迎撃戦闘機で迎え撃っても逆に雨のような機銃の猛反撃を受けてやられてしまうありさまで、しかも工場や都市を爆撃されると戦車や潜水艦はもちろん、ライフルはおろか鉄砲の弾の生産にも支障が出てく

ハインケル社の「ユーリア」の完成予想図（CG 制作：筆者）

る。もちろん戦闘機も作れないのでますます数が減ってしまう。爆撃機に対して有効な攻撃をすることは、もう通常の戦闘機では不可能になりつつあった。

では「通常ではない戦闘機」ならどうか。

１９４４年春、航空省は「小さくて安価な局地迎撃機」の仕様を提示した。

もうドイツには高価な高性能機を、連合軍の巨大な爆撃機編隊に満遍なくぶつけられるほど大量生産する力はなく、安価な材料でそれなりのものをひねり出してもらうしかなかった。また、ランカスターやB-17といった敵重爆の大編隊が吐き出してくるシャワーのような機銃の火線をかいくぐるには、ギリギリまで機体を小さくする必要がある。逆に、戦略上重要な場所の防御用にしか配備しないので、航続距離は短くてもよかった。

各メーカーの提案から航空省が選定したのが、ハインケル社の「ユーリア」とユンカース社の「ドリー」であった。面白いことに、そのどちらも動力にロケットエンジンを使ったロケット戦闘機だった。大きさと馬力に相関関係がある通常のレシプロエンジンでは物理的に小型化は不可能だし、構造を簡略化することもできない。また、速度にも限界があった。しかし、ヴァルターロケットのようなロケットエンジンなら機体内にあるのは基本的に燃料タンクと細長いエンジンだけである。レシプロエンジンのようにピストンの上下運動をさせる部分がないヴァルターロケットの本体は「筒」といって良い細さだった。

忍び寄るナッター

ユーリアとドリーはどちらもごく近距離の範囲での迎撃戦闘を想定している機体だが、運用方法に違いがある。ハインケル社のユーリアは現在の宇宙ロケットのように垂直に打ち上げ、戦闘ののちに滑空して帰還する。迎撃戦闘機のキモの部分は「いかに速く敵

エーリッヒ・バッヘム（左）。ドイツ軍の女性パイロット、ハンナ・ライチェと。

爆撃機がいる高度まで上昇できるか」であり、その点でも加速力のあるロケットエンジンは優れていた。ドリーは通常の飛行機のように滑走して離陸するが、上空に急上昇するのは変わらない。

ユーリアのハインケル社はかつてロケット実験機He176を無下に扱われ、苦渋を味わった経験がある。あの時の研究が支援を受けていれば、今頃完成されたロケット迎撃機が配備されていたかもしれない。それでも、ロケット機の開発実績のあるハインケル社のユーリアには期待がかけられていたが、そこに割って入ってきた者がいた。

エーリッヒ・バッヘム技師はフィーゼラー社の技師長として勤務していた。バッヘム技師は今になって研究されている垂直打上げ式迎撃機のアイデアを、さらに簡略化するアイデアを思いつく。バッヘム技師は正式な手順を踏まず、このアイデアを戦闘機隊総監アドルフ・ガーランドに、それでもダメだとナチス親衛隊長官のハインリヒ・ヒムラーに直接提案する。もともとドイツの航空当局はバッヘム技師のアイデアを迎撃機として認めず、相手にしていなかったのだが、バッヘム技師のアイデアにヒムラーが関心を示したようで、突然「開発せよ」という要請がある。こうして「ユーリア」「ドリー」、そしてバッヘム技師の「ナッター」が無理やり割って入ったことで三つ巴の競作という形で開発されることとなり、バッヘム技師は森の中にある工場を使って研究開発を始める。

バッヘム技師の「ナッター」が他の機体より優れていた点は、ひとえに「手間、資源の節約」であった。

半飛行機の怪物

ヒムラーの圧力があるまで、ナッターを頑なに認めなかった当局の態度も、その設計や運用計画を見れば無理もないと思える。それほどナッターは無茶苦茶な兵器であった。

バッヘム Ba349〝ナッター〟

ナッターの基本的な運用方法自体は、ユーリアやドリーとそう変わるものではない。専用の発射台から垂直に打上げられたナッターは敵の爆撃機編隊近くまで地上からの信号による自動操縦で飛翔する。ここまではユーリアの運用計画と一緒である。しかし、上空で真っ当な戦闘機として敵重爆を機関砲で射撃後、滑走路に着陸するユーリアと違い、ナッターには着陸のための着陸脚もソリもまったく付いていなかった。また、搭載している武器も機関砲などという常識的なものではなかった。

ナッターの全長は約6メートル（実験機によって多少全長に違いがある）で翼幅は約3・6メートルと、戦闘機としては異様に小さい。特に主翼の短さは通常の飛行機では考えにくいほどで、この短い主翼ゆえのオモチャのような外観がナッターの特徴でもある。この短い翼は空気抵抗が増大するのを防ぎ、加速するには都合がいいのだが、かなりの高速でなければ機体を支えるだけの揚力が発生しないという欠点がある。つまり、通常の飛行機なら速度を落としても機体を支えられるだけの揚力は確保される設計になっているので問題ないが、ナッターはものすごい高速で着陸態勢に入らなければならず、現実問題として着陸は不可能である。

そこで、ナッターは滑走路に着陸するのを諦めた。敵編隊攻撃後、燃料を消費しきって着陸する段階に入ると、まずパイロットは座席に体を固定しているベルトを外し、操縦桿も取り外した上風防と機首部分の接続金具を外す。ナッターの胴体部分にはパラシュートが格納されていて、風防と機首を胴体部分と接続している金具が外されて、分離すると同時にパラシュートが開き急減速、前方に投げ出されたパイロットはそのまま自分が身につけているパラシュートで降下して着地、機体本体部分も格納されていたパラシュートで着地するという、半使い捨てともいうべき乱暴な運用方法だった。

ナッターの機体は特に強度が必要な部分のみ金属製で、ほとんどがベニヤ板で作られた簡易なものであった。また、発射時にロケットエンジンの推力を補助するため、4基

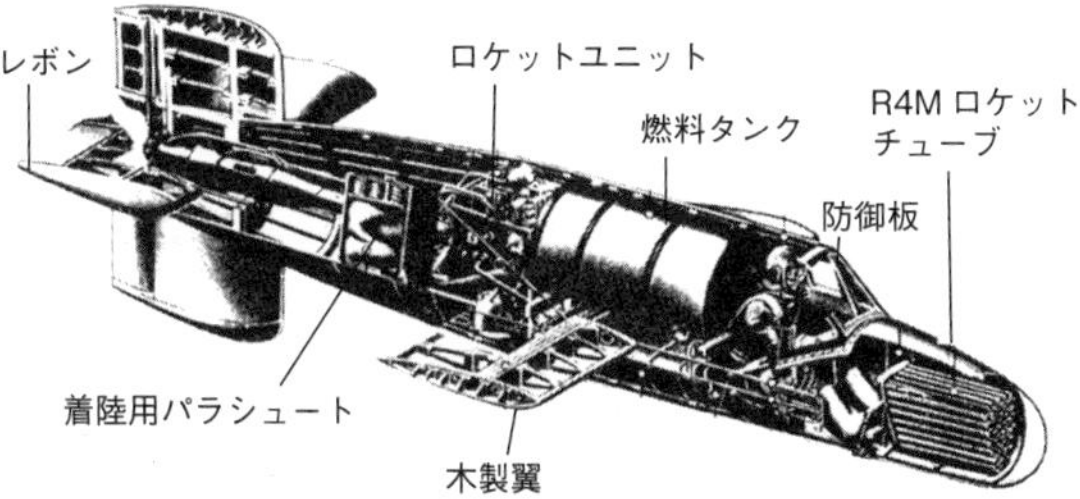

ナッターの解剖図

の固体ロケットブースターが機体後部に取り付けられ、より強い加速力が得られた。これは規模は異なるものの現代の宇宙ロケットと同じ構成である。

武装は73ミリロケット弾24発もしくは55ミリロケット弾33発の発射器を機首に取り付けたものであった。操縦席前面に防弾ガラスと装甲板が配置されており、勢いに任せて敵の重爆撃機編隊に強引に飛び込んでロケット弾を撃ち込み、そのまま離脱してパラシュートで飛び降りるというのが、ナッターの運用の全容である。

この運用法の利点は、機体が簡易な構造で済むという以外に、みっちり離着陸の訓練を行なったまともなパイロットでなくても、運と度胸があればナッターを飛ばすことができる点にあった。離陸は打ち上げだし、着陸はスカイダイビングである。練習機を与えて何十時間も練習をさせる必要がないのは、大変な手間の削減と言えた。これにより、地上で訓練しただけの兵員であっても、ナッターの運用は理屈の上では可能であった。

毒牙は届かず

試験用のナッターは1944年11月に、まずは爆撃機に曳航されて5500メートル上空まで飛び、そこから降下しながら操縦性や安定性の評価が行われ、評価が終了するとテストパイロットは脱出した。その結果は意外と良好で、テストパイロットも太鼓判を押した。この試験を始め、一連の試験飛行の結果から随時機体も改良され、無茶苦茶な珍兵器ではあるものの、一応は実戦に耐えるものに近づいて行った。

しかし、その未来は突然閉ざされることになる。その大きな理由が、世界初の実用ジェット戦闘機Me262が実用機として完成したことと、ロケット戦闘機Me163の改良型Me263の開発を本格化することが決定したことであった。

これらの決定によって、ハインケルのユーリアは開発が中止され、ユンカースのド

発射台に取り付けられたナッター（左）と飛翔するナッター（右）

リーは状況に応じて再開するが一時中断、そしてすでに実機が生産されつつあったナッターは、実験は続けるが量産計画は白紙撤回となった。

もはや単なる珍飛行機の実験となってしまったナッターの開発だが、次々に都市を空爆され大勢の市民が犠牲になっていたドイツではなんとか敵重爆に一矢報いたいという怒りをもつ兵士も多く、ナッターのテストパイロットに志願する者は少なくなかったそうである。

もっとも、その時点で運用計画通りの有人での打ち上げは一度も行われていなかった。一つには誘導装置が未完成だったこと、もう一つは実機に載せるエンジンの開発に手間取り、ヴァルターロケットがバッヘムの元に届かなかったせいである。

結局、実機にダミー人形を乗せた打ち上げ実験が行われたのは1945年2月のことである。この実験は成功を収め、同じ頃いよいよ追い詰められたドイツ軍はナッターの実用化を急ぐように要請してきた。

このため、まだ時期尚早ではあったが有人打ち上げ実験が行われることになり、志願してきたロタール・ジーベルト中尉が搭乗、打ち上げ試験が行われたが、これは悲惨な失敗に終わる。発射と同時にコントロールを失ったジーベルト中尉のナッターは想定外の方向に飛んでいき、半宙返りして地上に衝突したのである。ジーベルト中尉は死亡し、機体も失われてしまった。

それでもナッターの開発は続けられた。もはや大戦末期のドイツでは、このような兵器にでも頼るしかなかったのである。

もっとも、その後の試験は比較的順調で、よりエンジンの燃焼時間が長い（4分21秒とされる）Ba349B型も完成しようとしていた。ナッターは最高時速約1000キロメートル（高度により異なる）というとんでもない高速機で、しかも滑走路不要、森の中に隠された簡単な工事で設置可能な発射台から敵爆撃機編隊を奇襲できるという、まさに草むらから飛び出してくるヘビのような兵器であった。

初陣は1945年4月とされ、ドイツ南西部キルヒハイムに発射台とナッターが設置された。

しかし、結局ナッターが実戦で活躍することはなかった。キルヒハイムのナッターは敵爆撃機を待つまでもなく侵入してきたアメリカ軍に破壊され、その他各地に展開した、あるいは展開予定だった機体も出撃すらできなかったようである。生産された機体は30数機でその約半数が実験に使われ、実戦配備可能な機体は20機に満たなかったと考えられる。もし実戦に使われても、数百機の重爆撃機相手に役には立たなかったことだろう。そもそも1945年4月といえば終戦のほんの数週間前である。たとえ投入されても、戦況には何も影響を与えなかったはずだ。

ナッターは、フォン・ブラウンのロケットのような後世の科学に対する貢献も特になかった。

徹底して省資源、手間の削減を追求して開発されたナッターだが、皮肉にもその存在そのものが大いなる無駄になってしまったのである。

Nazi secret weapons 17

【巨人の愛称で呼ばれた世界最大の輸送機】

メッサーシュミット Me323〝ギガント〟

――Messerschmitt Me 323

兵士、物資を長距離輸送せよ

軍用の輸送トラックというとひどく地味な存在である。戦車のように大砲がついているわけでも、装甲車のように果敢に前線で偵察活動をするわけでもない。しかし、大砲の弾も、機械の予備パーツも、兵員も食料も、それを運ぶトラックがいなくては前線に届かないのである。

1940年、航空省はメッサーシュミット社とユンカース社に対して、20トンという破格の貨物積載量を持つ大型グライダーを開発するように発注する。当時の主力輸送グ

ユンカース Ju322試作輸送グライダー

ライダーDFS230の積載量が1トン前後、大型輸送機ユンカースJu352の積載量が7トンという時代に20トンはとんでもない要求であり、もし実現できれば世界最大の輸送グライダーになるはずだった。

航空省は、ユンカース社には全木製の大型グライダーを、メッサーシュミット社には鋼管と木材で作った骨組みに羽布をかぶせる布張りの機体を要求した。これは巨人機を作りつつも、貴重なアルミ合金を使わないようにするためであった。この厄介な要求のせいでユンカースのJu322試作輸送グライダーの性能は悲惨なもので、初飛行で離陸直後に墜落、計画は中止され量産準備されていた製作中の機体は解体されて薪にされてしまった。

一方、メッサーシュミットのMe321グライダーは、構造自体は標準的な輸送グライダーと大差ないものであり、巨大であるという一点を除けば奇抜なことをしているわけではない。全幅55メートル、全長28・15メートルのこのグライダーは、その巨体の割に中身はまったくのがらんどうであり、布を張った細い鋼管と材木、ベニヤ板でできた張り子であった。大きな特徴はその大きな丸い機首が観音開きの構造になっていることで、車両などは自走させて積み込むことができた。貨物どころか貨物を輸送する輸送トラックそのものを輸送できるため、飛躍的に物資輸送が便利になった。

その巨体から「ギガント（巨人）」と呼ばれたMe321は、要求どおり20トンの貨物を積んで飛ぶ能力はあったものの、ここでちょっとした問題が起きる。動力のないグライダーは自力で空を飛べない。当然エンジン付きの飛行機に牽引してもらうのだが、Me321は巨大すぎて生半可な機体では引けないのである。

一応計画では爆撃機He111を2機連結した特殊機He111Z型に牽引させる計画だったが、200機も製造してしまったMe321をピストン輸送に使えるほどの数を揃えるのは時間がかかるため、止むを得ずBf110重戦闘機を3機ひと組で引かせる「トロイカ」という方式で間にあわせることにした。しかし、トロイカは3機の息が合わないと一挙に4機の乗組員（場合によっては〝貨物〟である兵員100名以上も）が全滅しかねない危険もあった。もっとも、ヒトラーが企んでいたイギリス上陸作戦が

Me321にエンジンなどを搭載し、自力飛行を可能にしたMe323ギガント

戦況の悪化で中止になったため、Me321は少数使われた程度だったようである。

世界最大の輸送機へ

この「ギガント」は輸送グライダーとしては優れていたが、いかんせん牽引用の機体がないと使えないのは運用上のネックであり、やはりエンジンを搭載し、自力で飛行できるちゃんとした輸送機に改造されることになる。当時占領していたフランスの航空機エンジンメーカー、ノームローン社からエンジンを調達し、1140馬力のノームローン14Nエンジンを6発搭載し、さらに不整地にも着陸できるよう着陸脚を計10個のタイヤからな

機首が大きく開くため、輸送トラックなどを積み込むことができた

る大型のものに変更した。このため積載量は13トンとほぼ半減したが、それでも当時としては世界最大の巨大輸送機であった。
ギガントの輸送力は戦地に直接完全武装の兵員130名、もしくは火砲とそれを牽引するトラックをセットで運べるなど、前線の維持に大いに貢献した。
しかし、問題もあった。最大の欠点は制空権が確保された空しか飛べないことであった。鋼管と布とベニヤ板でできた機体は、運動性が皆無だった。一応、防御用の機銃座は設置してあったが、敵戦闘機に狙われると必死に牽制して追い払うしかなかった。
もっとも、その布張りの機体構造が幸いして、敵の放った機銃弾が乗員や主要部品に当たらなければ、そのまま布に穴を開けて通り過ぎるだけで平気で飛び続けられるという微妙な利点があった。これは金属の外板で機体構造を支える全金属機にはない特徴であり、イギリスのビッカースウェリントン爆撃機も同じように金属の骨組みに布張り構造のおかげで「やわすぎて逆に防御力がある」という奇妙な機体だったそうである。

もちろん、敵もエンジンや操縦席を狙うのが普通であり、特に回避運動もままならないギガントは敵戦闘機に見つかると撃墜されやすかった。さらに問題だったのはギガントの速度が遅すぎたことで、最大でも時速285キロメートルにすぎず（巡航速度はもっと遅い）、あまりにも遅すぎて護衛の戦闘機が随伴に苦労するという有様だった。

結局ギガントは輸送機としての性能自体は悪くなかったが、制空権がない状況では飛行にあまりに危険がありすぎ、ドイツが負け始めた頃に配備されたのは運が悪いことであった。もっとも、貨物室の扉を大きく広げて大きな荷物でも積んでしまう構造や、頑丈な着陸脚による不整地への着陸能力は戦後の戦術輸送機の基本形であり、やはりギガントは先進的な飛行機であった。

Nazi secret weapons 18

【敵戦車と肉弾戦で勝負せよ】

パンツァーファウストとパンツァーヴルフミーネ

――Panzerfaust, Panzerwurfmine

モンロー／ノイマン効果

19世紀末から20世紀初頭に活躍したアメリカの科学者、チャールズ・E・モンローは、アメリカ海軍の施設で爆薬の研究をしていた際、奇妙な現象を発見する。表面をくぼませた爆薬をそのくぼみの背後中心から撃発、点火すると、爆薬の燃焼、膨張に伴う衝撃波がくぼみの前方に集中し、通常の爆発をはるかに超える破壊力を発生させたのである。

その発見からしばらくのちの1910年、今度はドイツの科学者エゴン・ノイマンが、

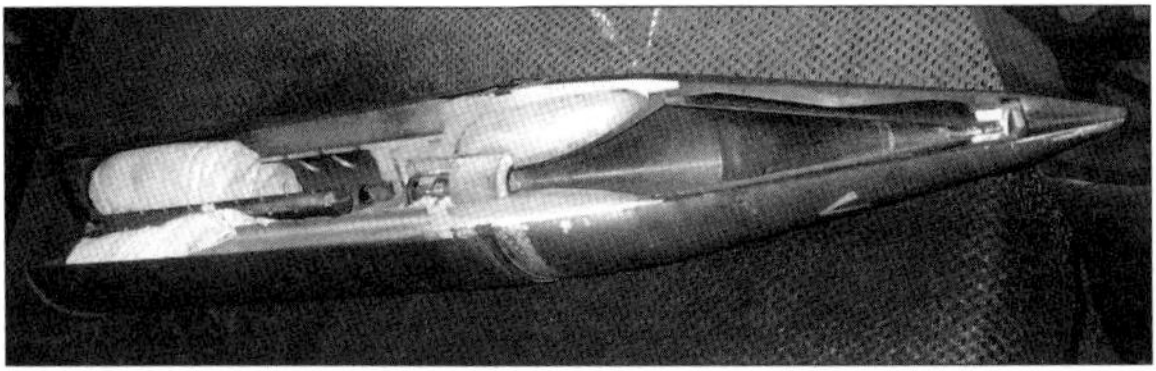

モンロー／ノイマン効果を利用した成形炸薬弾

モンローが発見したくぼみを円錐形にし、さらに金属製の内貼りを、超高圧の爆発エネルギーによって前方に超音速で絞り出された金属製の内張りが、より強力な貫徹力を生み出すことを発見する。このモンローの発見とノイマンの発見を合わせて、モンロー／ノイマン効果という。

モンロー／ノイマン効果は、発見されてしばらくは軍事技術として注目されなかった。第一次大戦時から戦間期の戦車は装甲も薄く、戦闘に特殊な弾頭が必要な局面もなかったためだろうと思われるが、研究は行われていた。砲弾として実用化されるのは第二次世界大戦の頃である。

パンツァーファウスト

第二次世界大戦の欧州の戦場は、まさに戦車が支配していた。第一次大戦時には薄い鉄板を被せられたトラクターのようなもので、あくまで歩兵の突撃を補助する兵器だったが、第二次大戦時には機械技術の進歩もあって、軽量なものは騎兵並みに速く、重戦車は要塞のようであった。

当然、戦闘の行方も自然と戦車が握るようになる。何しろ乗用車程度の大きさしかない軽戦車ですら、通常の歩兵銃では倒せないのである。人間が撃てる限界近くまで大口径にした対戦車ライフル（対戦車ライフル自体は第一次大戦時にも登場している）や、手榴弾の弾頭を7個分まとめて投げつける集束手榴弾などいくつかの対戦車兵器も登場したが、やはり決定的なものではなかった。

そこで注目されたのがモンロー／ノイマン効果である。モンロー／ノイマン効果では弾頭の初速と装甲貫徹力の間に関係がない。

戦車砲などの通常の大砲から撃つ徹甲弾は、一抱えもあるような大量の発射用装薬の爆発力で飛ばし、敵戦車の装甲に超高速で叩きつけて装甲を貫通させる。当然、その反動も凄まじく、生身の人間が手で持って撃てるような代物ではない。しかし、モンロー／ノイマン効果を利用すれば、砲弾が敵に当たって爆発しさえすれば、その爆発自体によって装甲貫徹力が生まれるのだから、砲弾自体はゆっくり飛んでいってもかまわないのである。このようにモンロー／ノイマン効果を利用した砲弾を「成形炸薬弾」という。

対戦車兵器パンツァーファウスト（初期型のファウストパトローネ）

そこで、1942年にドイツのフーゴ・シュナイダー社で開発されたのが、簡易な鉄パイプ製の発射機から弾頭を打ち出す個人携帯可能な対戦車無反動砲「パンツァーファウスト（戦車鉄拳）」である。

パンツァーファウストはとにかく簡易な構造で大量生産できることを前提に設計されていた。

発射機は鉄パイプに簡単な照準器と撃発装置がついた構造で、照準器はヒンジで本体に固定された目盛りの穴が空いた金属のプレートで、使用時にはこれを起こして目標との距離に応じた穴で目標を見ながら、弾頭の突起を穴の切り欠きに合わせると、発射機が目標との距離に応じた射程距離が得られる角度になるという、なんともアナログなものだった（歩兵銃の照準器にも似たような機構がついているが、狙撃用なのでずっと精密である）。有効射程距離は機種に応じて異なり、小型のものは30メートル、大型のものは150メートルだった。

鉄パイプの中には発射用の少量の火薬が入っており、撃発レバーを押すとこれが点火し、前方に向かった爆発の圧力は弾頭を飛ばし、後方に向かった圧力は発射機の後端から吹き出して反動を逃した。

この仕組みにより、パンツァーファウストは比較的大きな砲弾ながら、歩兵が手で持って扱える対戦車兵器となったのである。発射時に後端から出る爆風は十分に殺傷力があるため、発射の際は背後に味方がいないか確認し、爆風を浴びないよう肩に乗せるか脇に構えて発射した。敵がパンツァーファウストを捕獲して使用することもあったが、使用上の注意が徹底せずに事故死する兵もいたようである（パンツァーファウストは発射機も弾頭もドイツ語の注意書きがびっしり書き込まれている）。

発射装薬の爆発力の半分が後ろに逃げるため、当然ながら初速は遅く、砲弾は山なりの曲線を描いて飛び、目標が遠く移動している場合は当てるのが難しかった。

しかし威力は大きく、一兵卒でも当たりどころによっては1発で重戦車を倒せること

パンツァーファウストを発射した様子。後方にも爆風が発生している。

や、簡易な構造で大量生産が可能なことは戦車にとって大変な脅威であり、物陰からの奇襲に成功すれば歩兵が一方的に戦車を倒すというあべこべな状況も生じるようになる。このため戦車は単独での行動を控え、必ず緊密に歩兵部隊と連携をとって、護衛の随伴歩兵と行動するようになる。最終的に数百万発も生産されたといわれ、資材が枯渇した末期のドイツではライフルはなくてもパンツァーファウストはあるという状況だったという。

同様の成形炸薬を利用した兵器はアメリカ、イギリスでも開発されている。また、戦後の対戦車兵器の元祖となり、ソビエトのRPGシリーズなどは、戦車を持てない途上国のゲリラ御用達の兵器となっている。

パンツァーヴルフミーネ

初速と破壊力に関係がないということは、砲弾を手で投げて敵戦車を攻撃しても効果があるということになる。

そこで考案された兵器がパンツァーヴルフミーネ（戦車手投げ弾）である。

これは手榴弾のような小型の成形炸薬弾を手で持って敵の戦車に投げつける兵器である。

成形炸薬弾は爆発力が集中する先端から目標に命中しなければ効果が薄いため、単に投げても破壊力に欠ける。そのためパンツァーヴルフミーネには必ず先端が前を向く工夫が施してあった。パンツァーヴルフミーネは敵に向かって投げつけると、本体にたたんであった傘が展開し、後部が空気抵抗を受けて必ず成形炸薬が進行方向を向いて敵戦車の装甲に命中する構造になっていた。

ただし、人間の腕力で投げるため大きさに限界があり、敵戦車に肉薄しないと使えな

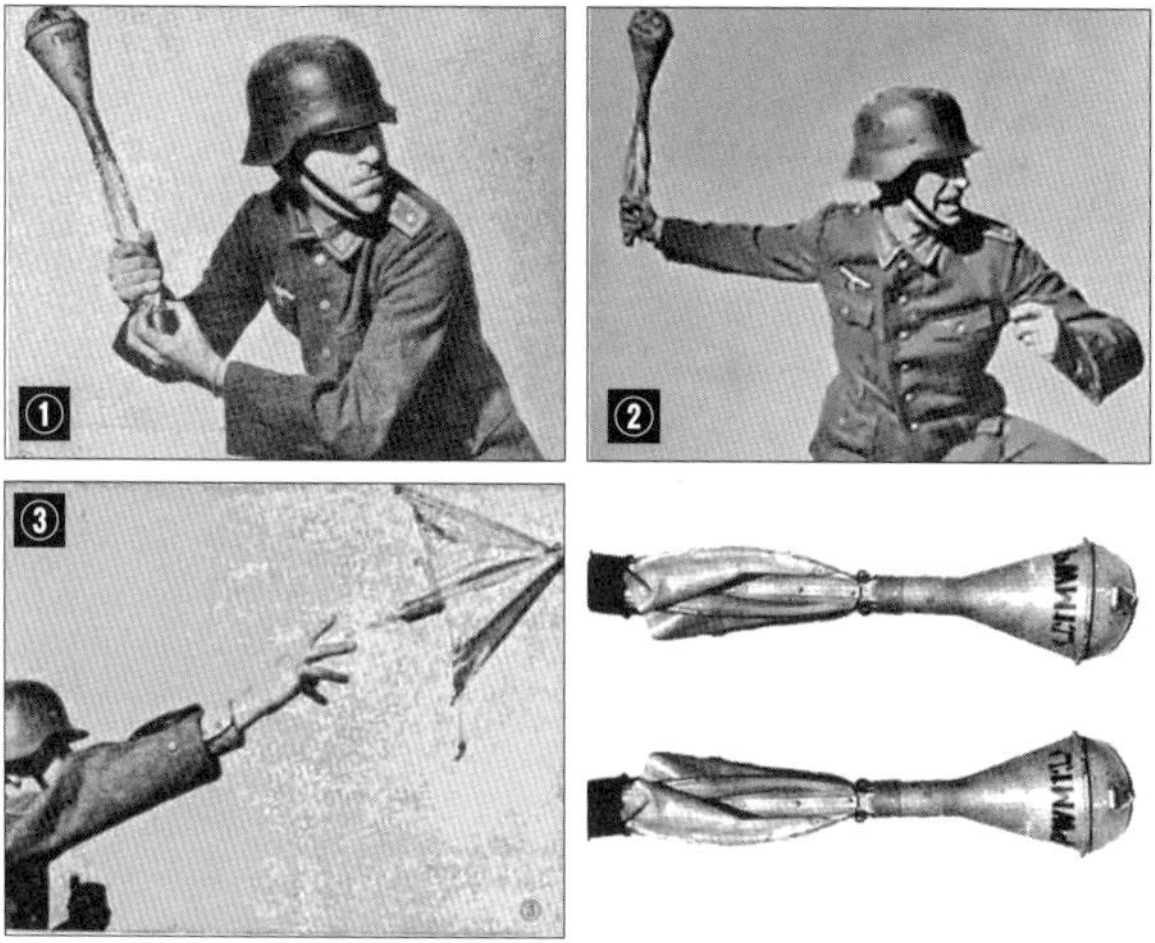

投げつけて戦車を破壊する「パンツァーヴルフミーネ」

いため、総合的な攻撃力は限定的なものだった。

戦車が護衛の随伴歩兵と連携を取りながら行動している場合は当然ながら使用できない。戦後になり、無反動砲やロケット砲による手持ちの対戦車兵器が進化してくると、こうした手投げ弾式の対戦車兵器は見られなくなってくる。

対戦車兵器でゲリラ的に攻撃をしかけてくる歩兵への対策として、ロシア軍は対人用兵器を大量に搭載した特殊な戦車を開発している。対戦車兵器を持った兵士と戦車との競争は、現代でも続いている。

Nazi secret weapons 19

【空飛ぶ鉄拳で敵機を落とせ！】

携帯式対空ロケット フリーガーファウスト

——Fliegerfaust

強敵！　ヤーボ軍団

開戦初期には無敵の快進撃を続けたドイツの戦車軍団だが、終戦間際の1944年には見る影もなく没落していた。

その原因の一つがドイツ空軍の弱体化だった。米英に制空権を奪われたことで、敵の戦闘爆撃機がたびたび襲来、空からの攻撃に弱い地上の装甲戦闘車輛をいいように攻撃していった。戦闘爆撃機はドイツ語のヤークトボンバーを略してヤーボと呼ばれ、空から一方的に攻撃してくるこの難敵を、ドイツ陸軍の兵士は忌み嫌っていた。

ドイツを悩ませたホーカータイフーン（左）とP-47サンダーボルト（右）

たとえば当時イギリス軍が使っていたヤーボにホーカータイフーンがある。タイフーンは馬力と攻撃力を重視した新型戦闘機として開発されたが、飛行中に胴体尾部がもげるなど、とんでもない欠陥機だった。しかし、戦局がイギリス優位に傾くと、敵地で対地攻撃をする必要性が出たことで戦闘爆撃機として復活。もともと重装備の戦闘機だったため、20ミリ機関砲4門、ロケット弾8発を搭載可能という並外れた攻撃力があった。

タイフーンに装備されたRp-3ロケット弾60ポンド型はUボートを簡単に撃沈し、戦車に当たれば一撃で吹き飛ばすとんでもない兵器で、それが1機あたり8発装備されており、タイフーンが編隊を組んで飛んでくるのは、巡洋艦が空を飛んできて艦砲射撃に晒されるのも同然であった。

一方、アメリカ軍が好んで使ったのがP-47サンダーボルトである。この機体はとにかくデカく頑丈で、その巨体を大馬力エンジンでぶっ飛ばすといういかにもアメリカ的なヤーボだった。1

トン以上の爆弾もしくはロケット弾を搭載可能で、何と固定武装として12・7ミリ機銃を8門も装備しており、シャワーのごとく機銃弾を地上に降らせた。その壮絶な攻撃による爆発の嵐に巻き込まれたドイツ兵は、自分たちの戦車を放棄して逃げ出すしかなかった。

現在では地上の兵が航空機の対地攻撃から身を守るため、スティンガーミサイルなどの携帯式対空ミサイルを装備している（自衛隊も一時期スティンガー、現在は91式携帯地対空誘導弾を装備している）。しかし、当時はろくな対空装備がなかったのである。

自分たちの身は自分たちで

本来これらヤーボを撃退するのが空軍の役目なのだが、戦争末期のドイツ空軍はもはや防空部隊として機能していなかった。日中にちょっと自動車で移動するのさえ危険な有様で、機影が見えるたびに車を放り出して道端の物陰に隠れなければならなかった。

一応陸軍の部隊の車列には護衛として対空戦車が同行していた。これは既存の砲塔を外し、代わりに対空機関銃を載せたもので、4連装20ミリ機銃を装備したヴィルベル

ドイツ軍のヴィルベルヴィント対空戦車

ヴィント（旋風）対空戦車や37ミリ機銃を装備したメーベルワーゲン（家具運搬車）対空戦車などが有名である。しかし、これらは数が少なく、敵ヤーボの方が数が多く苦戦することも少なくなかった。

援護を要請しても来てくれない空軍に愛想を尽かした陸軍兵は、自力で敵のヤーボを倒せる兵器を欲しがるようになる。

当時、疲弊した戦力を補うため、兵士が単身で敵戦車を攻撃できる兵器としてパンツァーファウスト（戦車鉄拳）という対戦車無反動砲が生産されていた。

208ページで紹介したように、パンツァーファウストはパイプの先に成形炸薬弾（砲弾の爆発力を集中させて装甲に穴を開ける砲弾。対戦車兵器に多用された）が取り付けられた簡単な構造の無反動砲で、照準器を見ながら目標までの距離に合わせて本体を斜め上に向けて撃つと、砲弾が山なりの曲線を描いて飛んでいくという、少々頼りない兵器だった。しかし、命中した際の破壊力はかなりのものだった。これと同じように、生身の人間がヤーボに立ち向かえる兵器がどうしても必要だったのである。その声に応えたのがライプツィッヒの兵器メーカー、ヒューゴー・シュナイダー社だった。

新兵器！　空飛ぶ鉄拳

開発にあたっての課題は、高速で飛び回る敵のヤーボに命中させることと、大量生産が容易なことであった。弾頭の威力は弱くてもよかった。航空機の素材は薄い軽金属であり、小さな砲弾でも当てさえすれば大ダメージを与えられるからだ。

最初は4門の2センチ口径のロケット弾をまとめて携帯可能にしたものだった。が、威力不足と見たのか、最終的に2センチ口径のロケット弾発射器を9門束にして肩に担ぐ方式が採用され、この兵器はフリーガーファウスト（空飛ぶ鉄拳）と呼ばれた。

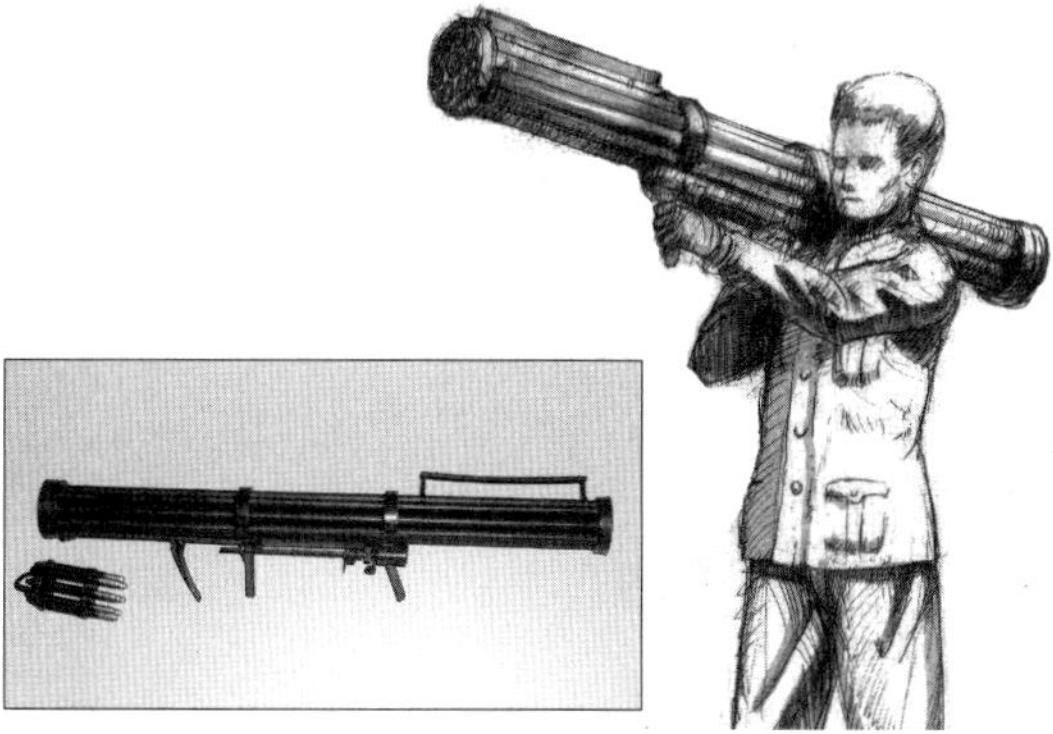

フリーガーファウストは肩に担ぐようにして使用する。左下は実物（©Plbcr）。

フリーガーファウストは長さ１５０センチで、全弾装填した時の重量は９・１キログラムあった。発射器には肩当てとグリップがついており、担ぐと目の前に照準器がくるので、これで低空飛行して来る敵機に狙いをつけて発射するのだ。

９門のロケット弾発射器は１門を中心にして残り８門をその周りに円形状に配置してあり、ロケット弾は９発まとめて点火用の撃発器も兼ねる容器に固定され、これを尾部に取り付けることで発射可能となる。一度に全弾発射してしまうと弾体や噴射ガスが互いに干渉しあってしまうため、まず４発が発射され、０・２秒後に５発が発射される設計だった。最大射程は２０００メートル。ロケット弾は対地攻撃のために低空を直進してくるヤーボに向かって散開して飛んでいくので、敵機に命中する確率は高かったようである。

発射器は大量生産の効率化を考慮して、多少の誤差でも問題なく作動するように設計されていた。銃器などは普通、精密加工機械を駆使し、部品同士の遊びの幅さえも考慮して（可動部品同士を密着させると微量の砂埃でも作動不良を起こすため、野外で泥まみれになる実戦用の銃では命中精度を落としてでも、あえて遊びを大きくする場合がある）組み立てられる。だが、それでは専門的な兵器工場でしか生産できない。そこで普通の鉄板から作った部品と鉄パイプの組み合わせでできるように設計したことで、町工場でも大量生産が可能になった。もともと散開して飛んでいくロケット弾は精密な照準など無駄なので、そこは無視してよかったのだ。

鉄拳は空に届かず

簡易な構造のおかげで、フリーガーファウストは町工場でも次々に量産できた。発射器は1万、ロケット弾は400万発という大量発注がなされたとされるが、実際に完成した数はよくわかっていない。ただ、少なくとも、実戦で大活躍したという記録はないようだ。そもそも生産型の大量発注がなされたのが１９４５年に入ってからで、終戦の数カ月前であった。輸送経路自体が爆撃機、それこそヤーボによって麻痺していたため、大量に生産したとしても前線に届ける手段はなかった。実際に前線の兵士に渡ったのはわずか80基ともいわれている。

実はフリーガーファウストは、後年復活している。時は冷戦期、ジェット戦闘機の対地攻撃に対抗するため、アメリカは40年代末から対空兵器を調査、その研究結果をもとにジェネラル・ダイナミクス社が個人携帯型の小型赤外線ホーミング式対空ミサイル「ＦＩＭ‐43レッドアイ」を開発した。これをＮＡＴＯ軍の一角だった西ドイツ軍が、「フリーガーファウスト１」として採用したのである。のちにより進化したスティンガーミサイルも採用し、これを「フリーガーファウスト２」としている。

元祖フリーガーファウストが米英のヤーボから地上部隊を守るために作られたことを考えると、携帯式対空兵器として完成されたものを開発したのがアメリカで、ドイツがそれを購入して部隊や基地を守るのに配備したというのは実に歴史の皮肉としかいいようがないが、世界の歴史はそれほどダイナミックに動いているということなのだろう。

Nazi secret weapons 20

【敵艦に忍び寄る海の伏兵】

特殊潜航艇ネガー

——Neger

潜水艦事始め

密かに敵艦に接近し、不意打ちを喰らわせて姿をくらませる。

潜水艦という兵器の発想そのものは、実は古くから存在している。17世紀にはすでに潜水艦が研究されていたともいわれる。

実戦に投入された最初の潜水艇は「タートル」と呼ばれるアメリカ独立戦争時代の1人乗りの樽のような乗り物（1775年）で、停泊中の敵艦に爆薬を取り付けようとしたが失敗した。初めて戦果を挙げた潜水艇は、アメリカの南北戦争時代の潜水艇「H・L・ハンリー」だった。鉄製の船体に乗り込んだ8名の船員がクランクを回してスク

史上初めて戦果をあげた潜水艦「H.L. ハンリー」

リューを回転させるという人力潜水艇で、船首に爆弾を取り付けた長い棒があり、それで敵艦の横腹を爆破するという、危険な兵器だった。潜水艇と言いつつ、水面下に隠れるのがせいぜいで、南軍のハンリーは北軍の軍艦フーサトニックを撃沈したが行方不明になり、残骸が引き揚げられたのは2000年になってからだった。

現在の戦闘用の潜水艦の原型と言えるのがアメリカの発明家ジョン・P・ホランドが設計したホランド級潜水艦（1897年）である。ホランド級は全長16・4メートル、乗員7名の小型艦だった。

このように、初期の潜水艦は敵の大型艦に忍び寄って攻撃する小型の特殊兵器としての性格が強かった。やがて技術の進歩とともに潜水艦は巨大化してゆき、第一次大戦の頃には全長64・7メートルのU‐31型などが出現している。

原点回帰

第二次大戦初期のUボート部隊の快進撃が行き詰まった1943年、ドイツ海軍は戦況を打開するための秘密兵器を欲していた。それらの一つは最新のハイテク艦であるXXI型潜水艦（132ページ参照）だったが、これは配備が間に合わないかもしれない。もう一つ考えられたのが超小型の潜水艇「特殊潜航艇」である。

特殊潜航艇はイギリス、イタリアなどの海軍国で研究開発がなされていたが、実戦で多用していたのは実は日本である。

真珠湾攻撃の際、母艦から発進した特殊潜航艇「甲標的」は、停泊するアメリカ軍の艦艇を攻撃。最終的に攻撃部隊は壊滅、太平洋戦争初の日本兵捕虜を出している。戦果については諸説あり、敵艦に損傷を与えたという説もあれば、攻撃は失敗だったという説もある。甲標的の乗員は1隻あたり2名、真珠湾での作戦に参加したのは5隻で、10

日本軍が運用していた特殊潜航艇「甲標的」

名中9名が戦死していたが、その後も甲標的は太平洋の各地で奮闘していた。

守勢に立たされたドイツに必要なのは、敵の上陸部隊や、その支援部隊を運ぶ船を荷揚げ前に沈めることだった。そのために必要なのは大型の本格的な戦闘艦ではなく、1名か2名の乗員で操作できる超小型の特殊潜航艇である。

しかし、ヴェルサイユ条約下で潜水艦の保持を禁止されていたドイツ海軍は、敵商船を沈める本格的なUボートの配備で手一杯だった。大戦前半は特殊潜航艇が必要な局面もなかったため、特殊潜航艇の研究開発が始まったのは1943年頃と、むしろイタリアや日本より遅かった。

イギリスの「X艇」（左）とイタリアの「マイアーレ」（右）

研究開始のきっかけは1943年、イギリスの特殊潜航艇「X艇」によってドイツ海軍が誇る巨大戦艦テルピッツが奇襲攻撃を受け、大きな損害を被ったことだった。

X艇は3～4人乗りの小型潜水艇で、停泊している敵の大型艦に爆雷を仕掛けて爆破する。いわば破壊工作のために開発された兵器である。ドイツ軍はテルピッツ攻撃作戦の時に捕獲したX艇と、イタリア軍が使用していた水中スクーターのマイアーレを研究し、独自の特殊潜航艇を開発し始める。

特殊潜航艇ネガー

海軍のデーニッツ元帥は、戦力として見た特殊潜航艇に懐疑的だったともいわれるが、ともかく新兵器の実験はせねばならない。魚雷実験部のリヒャルト・モーア技師のアイデアを元に試作艇を作ることになり、乗艦を撃沈されてドイツに戻ってきていた歴戦のUボート乗り、ヨハン・オットー・クレイグ大尉を開発現場に送り込んだ。

資材が不足し、また特殊潜航艇の開発経験もなかったため、モーア技師はG7e電動魚雷を流用するという方針を固める。理屈は簡単である。魚雷から不要な弾頭部分を取り除いて、空いたスペースに操縦席を設置。船体の下部に本物の魚雷1本を取り付け、自由に発射できるようにすれば特殊潜航艇の完成である。電動魚雷はスイッチ一つで動力のオン・オフが可能で操縦がわかりやすいし、走行音が静かという利点もあった。

この特殊潜航艇は、開発者のモーア技師の「モーア（Mohr)」が古いドイツ語で「ムーア人・肌が黒い人々」（現代では差別的とされている）も意味することから「ネガー（黒人）」と命名され、試作艇が作られた。しかし、試作されたネガーに乗り込んだクレイグ大尉は数々の問題に見舞われる。

そもそもこのネガー、潜航艇といいつつ潜航する能力がなかった。魚雷に操縦室を載せただけの構造のため、通常の潜水艦のように船体内部にバラストタンクを持たず、注排水して船体を潜航させたり浮上させたりということがまったくできないのだ。

ネガーは水面下ギリギリに船体を浮かべ、操縦室に取り付けられた半球型の透明ドームから顔を出し、周囲の様子を見ながら操縦する構造になっていた。そのため、空から見るとネガーの姿は丸見えだった。これは忍び寄ることが戦術のすべてであるネガーにとって、致命的な問題だった。唯一の回避策は夜間に闇に紛れて行動することだが、もともと視界が悪いネガーには自分の視界も制限されてしまった。

速度は30ノット（時速約55キロメートル）と速かったが、オンかオフしか選べないため、全力か停止かを使い分けて航行するしかない。実際に走らせてみると、透明ドームはバシャバシャと波をかぶって周囲がまるで見えず、操縦もまったくできなかった。クレイグ大尉はバッテリーの配線を変えて速力を半分に落としたが、それでも速すぎ、最終的に速力を4ノット（時速約7キロメートル）にまで落としている。

最高速度を大幅に落としたことで、バッテリーが節約でき、作戦可能時間は最大15時間にまで伸びた。しかし、操縦室の居住性は悪く、密閉ドームの開閉は外からしかできず、乗員は一度乗り込むと自力で外に出られなかった。つまり、もし作戦に成功しても、基地や母艦に戻らない限り、脱出できずに死亡するというおそるべき代物だった。

また、船体下部に装着された魚雷は発射時に取り付け装置がうまく外れないと、船体もそのまま魚雷に引っ張られて敵艦に突入する危険があった。味方と連絡を取る手段もないため、生還しても発見されない危険もあるなど、とにかく問題だらけだった。後に

ドイツ軍が開発した特殊潜航艇「ネガー」

ネガーを捕獲した連合軍はこれを「自殺兵器」と断定したそうである。

あまりにも問題が多いネガーだったが、連合軍の上陸はなんとしてでも妨害せねばならず、未完成を承知で生産が開始され、同時に改良型の「マルダー（貂《てん》。イタチの一種）」の開発を始めた。マルダーはネガーの「潜航できない」という欠点克服のため、船内にバラストタンクを取り付けた。そのおかげで最大水深10メートルまで潜れるようになったが、マルダーには潜望鏡もソナーもないため、敵に見つからない代わりに自分自身も周りの様子がまるでわからなかった。また、水中での操縦性が悪く、うまく航行できなかったようである。

船体の完成度はこのように惨憺《さんたん》たるものだっ

たが、運用部隊自体は総司令部直轄の特殊部隊となり、陸海軍の装備をも使って即座に部隊を展開できる権限を有していた。

おそるべき実戦とその後の潜航艇たち

ネガーとマルダーは両艇合わせて500隻ほど生産されたと見られている。しかしこれはネガーとマルダーの性能を考えれば「作りすぎ」と言わざるを得ないものであった。

1944年4月、連合軍のイタリアにおける重要な上陸ポイントであるアンツィオの海岸に停泊する連合軍上陸部隊の輸送船を叩くため、ネガー30隻からなる攻撃部隊が出撃した。しかし、その結果は惨憺たるもので30隻が出動したにもかかわらず13隻が目標海域まで到達することすらできず、3隻は行方不明となった。戦果はまったくなかった。

7月5日から6日にかけての夜間、ノルマンディ沖に展開する連合軍の艦隊に向けて24隻のネガーが出撃し、敵の掃海艇2隻を撃沈したが、帰還できたのは9隻だけだった。とにかくネガーは実戦での乗員死亡率が高く、生存率が20パーセントということもあったという。結局ドイツ軍は、1944年の秋には実戦での使用中止を決断、生産済

ネガーに乗り込んだ操縦員。非常に問題の多い兵器だった。

みのネガーとマルダーは「適切な時期が来るまで待機」と、事実上放棄されることとなり、そのまま終戦を迎えることとなるのである。

その後もドイツでは特殊潜航艇が急ピッチで開発されていったが、ほとんどが使い物にならなかった。より本格的な潜水艦に近い設計にした1人乗りの「ビーバー」はしかし、搭載したガソリンエンジンからの排気ガスが密閉された船内に漏れて乗員がガス中毒で死亡する事故が多発。「モルヒ」と「ヘヒト」の2種類の電動式特殊潜航艇も開発されたが、目立った戦果はなかった。

「ゼーフント」はヘヒトの改良型で、エンジンを搭載して自力で充電できる能力があった。これは事実上もっとも小さな「Uボート」であ

ナチス・ドイツが開発したその他の特殊潜航艇。左上が「ビーバー」、右上が「モルヒ」、左下が「ゼーフント」。いずれも完成度が低かったり、完成が遅すぎるなどして、ほとんど戦力にならなかった。

り、小型ゆえに探知が難しく、実戦に使えばこれまでの特殊潜航艇の失敗を帳消しにする活躍をするはずだった。しかし、大量生産が始まる１９４４年後半はすでに敗戦間際で、１９４５年初頭からわずか数カ月しか活動できなかった。

結局のところ、いくらドイツが科学の国といっても、乏しい資材の中で作ったこともない物を仕上げるには相応の試行錯誤をせざるを得ないということである。ミサイルやジェット戦闘機を次々に実用化する科学技術力があっても、初めて作るものはやはりひどい代物なのだ。

これは自ら「科学技術立国」を自認する現代日本も肝に銘じておかなければならないことだろう。「日本だから、すごいものができる」という思い込みは、大失敗の原因になり得るのだ。

Nazi secret weapons 21

【息をひそめて敵を討つトラップ、地雷】

ワナと特殊兵器

——Fallen und Spezialwaffen

撃ち合いだけが戦争じゃない

ドイツに向けて侵攻するアメリカ軍のジープ、そのフロント部分には奇妙な金属の棒が取り付けられていた。これは「ワイヤーカッター」という器具である。その役割は、ドイツ軍が仕掛けたトラップ（罠）除けであった。

アメリカ軍が通りそうな道の、ちょうどジープに乗った兵士の首の高さになるあたりに、ドイツ軍は張り詰めたワイヤーを仕掛けた。それで、通りかかったアメリカ兵の首を切断するというゲリラ的な戦術をとったため、このような器具が設置されたのである。

戦争では大砲や銃で撃ち合うだけではなく、さまざまな特殊な罠やトリッキーな特殊兵器が使われる。それらをいくつかご紹介しよう。

●地雷

ドイツ軍が多用したのが「Ｓマイン」と呼ばれる対人地雷である。作動すると人間の腹か胸の高さまで跳ね上がり、そこで破裂して小さな鉄球をまき散らし、踏んだ人間だけでなく周囲の兵士も蜂の巣にするおそるべき兵器だった。

Ｓマイン

Ｓマインは戦車にも装備されていた。肉薄攻撃してきた敵兵に対し、車両上にあらかじめセットしておいた発射機を車内からの操作で発射したのだ。その発展型の兵器に、車外に向けて打ち上げて炸裂させ、付近の敵兵を一掃するというものもあった。

金属探知機を避けるためにガラス製対人地雷「グラスミーネ43」も大量生産された。これはガラス容器の中に起爆装置と炸薬を封入したもので、起爆すると高速で割れて飛び散り、肉体に突き刺さった。そのほか、コンクリート製の対人地雷も開発されていた。こちらも金属探知機にかからないため、連合軍兵士を苦労させたという。

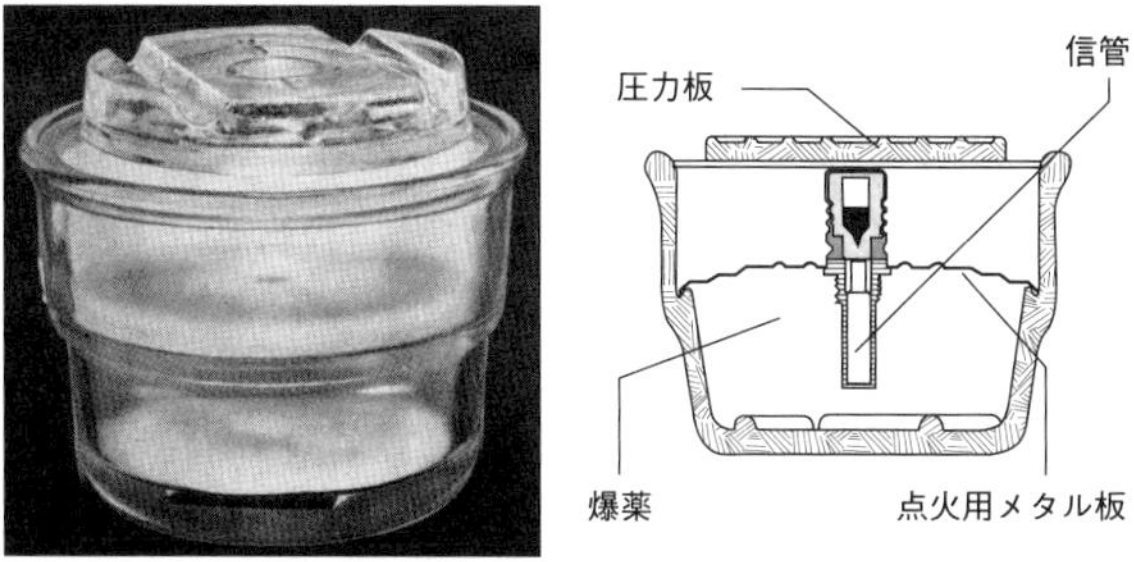

グラスミーネ43（左）と断面図（右）

グラスミーネ43は、原料の枯渇を心配する必要がなく、戦争中に大量に生産された。その数は一説によると、1000万発以上。しかし、大量に作り過ぎたのか、終戦時でさえその大部分が在庫として残っていたという。

ちなみに戦後、ドイツが占領していたデンマークなどの地雷除去を担ったのは他ならぬドイツ軍工兵部隊であった。元侵略者として地雷除去を強要され、大勢の犠牲を出すなど自分たちの厄介な地雷に苦しめられた。

●ワイヤートラップ

敵がワイヤーに引っかかることで作動するトラップもいくつも作られている。

敵が突撃してきそうな場所に埋設されたのが「埋設型火炎放射器」である。これは燃料タンクに噴射口のあるノズルが固定された一抱えほどの装置で、もともとはソビエト製火炎放射器のコピーで、射程約30メートルで燃える燃料が吹き出す構造だった。

使用する際は敵が突撃してきそうな場所に並べて埋設し、作動のきっかけになるワイヤーを張りめぐらせる。敵兵がうっかりこのワイヤーに引っかかると、放射器が作動して敵部隊を火だるまにしてしまうのである。地上にはカモフラージュされたノズルしか出ておらず、大型の器具の割には発見が難しかった。また、単純に爆弾を爆発させるトラップや、パンツァーファウストを発射するトラップもあったという。

●磁気吸着地雷

敵戦車に肉薄攻撃するために開発されたのが「磁気吸着地雷」である。磁気吸着地雷は歩兵が敵戦車に肉薄し、磁石で敵戦車の車体に取り付ける兵器だった。

磁気吸着地雷の本体はいわば成形炸薬弾そのもので、ラッパ型をした本体のふちの部分に磁石が3個取り付けられており、これを敵戦車にくっつけて、遅延信管の紐を引くと、数秒後（機種によって異なるようだが長くて8秒ほどとみられる）に起爆して成形炸薬が敵戦車を破壊するという仕組みだった。当然ながら敵戦車に護衛の随伴歩兵が付いていたら使えないし、自分が爆発に巻き込まれる危険もあったが、素手はもちろん小銃や手榴弾でも戦車を倒すのは難しいので、ないよりは遥かにマシだった。

ドイツ軍は敵が同種の兵器を持ち出してくることを恐れた。構造は単純なので作ろうと思えば簡単に作れるからだ。そこでドイツ軍は保有する戦車に磁石がつかないように、特殊なコーティングを施すことになった。これはツィンメリット・コーティングと呼ばれるもので、おが屑と樹脂を混ぜた非金属製のパテを、磁石がくっつきにくくなるようにギザギザに盛り上げながら塗りつけていく。これで戦車の車体に磁石がくっつかなくなるのだ。だが、この行動はまったくの無駄だった。連合軍は「磁石でくっつける成形炸薬」などという兵器は使ってこなかったのである。アメリカ軍もイギリス軍もバズーカのような、遠距離から撃てる対戦車兵器を使ってきたし、ソ連軍は肉薄攻撃に火炎瓶を多用した。火炎瓶の燃える燃料が排熱口から機関部に流れ込むと、車両火災が起きてしまうのだ。

結局、ツィンメリット・コーティングはドイツ軍の独り相撲であった。

磁気吸着地雷

Nazi secret weapons 22

【怪しい科学で敵を倒せ！】

珍兵器・怪兵器の世界

——ungewöhnliche Waffen, verdächtige Waffen

オカルト、ＳＦの中のナチス

『アイアン・スカイ』（２０１２年公開）という映画がある。１９４５年の敗戦時にナチスの生き残りがその超科学力で空飛ぶ円盤を作り上げ、月面に逃れて地球侵攻作戦の準備をしていた、というＳＦブラックコメディーである。実際にナチスが円盤型の超高性能攻撃機「ハウニブ」を作り上げていた、という都市伝説もあるし、宇宙人とテレパシーで交信し、その高度な技術力を授かった、という怪しげな与太話も流布している。

たしかにドイツは当時の科学先進国ではあったが、先進国同士で比べた場合、必ずしも飛び抜けた科学力を持っていたわけではない。レーダー技術ではイギリスに遅れをとっていたし、原爆開発は本気を出したアメリカに遠く及ばなかった。ジェット戦闘機なら同時期にイギリスでも作られていたし、ロケット戦闘機はアメリカでも研究されていた。第二次大戦中にアメリカで実用化されなかったのは、勝ち戦で爆撃される心配が少なかったから、という面もある。

それでも「不気味な超科学の国ナチス・ドイツ」というイメージは強烈で、現在でも映画やアニメ、漫画の題材となっている。

もともとナチスはその母体となった民族主義神秘思想集団トゥーレ協会の影響を受けていた。実際、遥か太古に〝霊的進化を遂げた〟高等民族「古代アーリア人」が存在し、その純血の末裔こそゲルマン民族ドイツ人と信じているナチ党員は少なくなかったといわれている。

トゥーレ協会の思想の元となったのは、19世紀にブラヴァツキー夫人によって作られた「神智学」という神秘思想である。これは前世、オーラ、霊魂、超能力といった、現代的なオカルトネタの元祖とも言える思想で、ナチス親衛隊の長官だったハインリッヒ・ヒムラーは熱心な信奉者だったとされる。

ナチスの将校の中には大西洋の海図の上に模型の船を乗せ、これに糸で吊った錘をかざして、揺れ出したらそこに敵艦がいるなどという占い（ダウジング）で索敵を試みた者までいた、という話まで伝わっている（部下たちは呆れかえっていたらしい）。

こういった国家のあり方が現代のナチス神話に影響を与えているのはもちろんだが、一方で妄想としか思えない超科学兵器を真剣に作ろうと試行錯誤した科学者や技術者も実在している。彼らのあるものは国を説得し資金提供まで受け、あるものはほとんど自費で研究に明け暮れていた。彼らのような情熱的な「マッドサイエンティスト」もまた、ナチス神話の形成に一役買っていると言えるだろう。

●殺人X線砲

当時ナチス・ドイツで原爆を開発していたグループは、別の兵器の開発を政府高官に持ちかけた科学者と、貴重な実験装置や資金を巡って争わねばならなかった。あるX線科学者が、ベータトロンという装置を使ってX線を発生させ、上空の爆撃機の乗組員を焼き殺す、というSF的なアイデアを空軍元帥エアハルト・ミルヒに提案し援助を受けたという。しかし、ベータトロンは電子を加速させるただの実験装置であり、加速させた電子をターゲットに衝突させることでX線が発生することは知られていたが、それを兵器に応用するのはほとんど空想のお話であった。

物理学者たちはそのような空想に貴重な資金とベータトロンを使うべきではないと猛反発し、X線砲はただの珍アイデアで終わっている。

●赤外線破壊光線

赤外線ビームを空中で交差させることで爆撃機の爆撃装置を破壊してしまおうとするプランがあったようだ。詳細は不明だが、これを口実に研究ができそうなのであえて賛成した科学者もいたらしい。

電子加速装置のベータトロン

ちなみに赤外線を使った「暗視装置」はドイツでいくつか実用化されて大戦中にすでに使用されている。「ヴァンパイア」という暗視装置はアサルトライフルの上に赤外線照射機と暗視スコープを取り付けたもので、実際に闇夜を見通す能力がありこちらは珍兵器の類ではない。

●音波砲

オーストリアのアルプス山中にあったローファー研究所で研究されていたのが音波で敵を攻撃する音波砲である。音波砲は強力な高音波を人間に浴びせ続けることで殺してしまうという兵器だった。

音波砲はパラボラ状の反射器と燃焼用のガスと空気を送り込むノズルがあり、内部の薬室で混合させて点火すると連続爆発を引き起こし、強力な高周波音を発射することができた。この音を30～40秒間人間が浴びると死ぬといわれていたが、反射器の直径が3・2メートルもあり射程がたった300メートルだったため、実戦用の武器としては役に立たないと見られ、実用化もされなかった。

●風力砲

風力砲は巨大な容器の中で水素爆発を起こし、水蒸気を含んだ圧縮空気の塊を吹き出して打ち上げ、上空の飛行機の機体を破壊してしまおうという兵器であった。一応実験装置では200メートル先の厚さ2・5センチの板を粉砕する威力があったそうだが、

本格的に作られた大型の試作砲は写真を見る限り列車砲ほどの大きさがあり、そのく

せ上空の敵爆撃機には空気弾が届かないことが判明したそうである。

●空飛ぶ円盤

ナチスの空飛ぶ円盤は『アイアン・スカイ』の元ネタにもなった。実態ははっきりしないが、石炭粉の燃焼で空気の渦流を作り出し、その力で上昇し上空で石炭粉を撒いて巨大な爆発を引き起こし、敵の爆撃機編隊を一挙に撃墜する飛行装置だったようだ。数々の伝説に彩られているが、実態としては実機までは作られなかったと思われる。

空飛ぶ円盤（CG 制作：筆者）

●電磁砲

火薬ではなく電磁気力で砲弾を発射する装置。秒速１８９２メートルの超高速弾を毎分６０００発も発射可能と見積もられ、これを数百基配置して敵爆撃機編隊を丸ごと蜂の巣にしてやろうと計画されていたが、これらの装置を稼働させるには途方もない電力が必要であり、実現は不可能だった。最近になってアメリカ軍が電磁砲の試作砲が完成したと発表したが、配備されるかは未定である。

●宇宙爆撃機

長大な滑走用レールを使ってスペースシャトルのような宇宙往還機を打ち上げ、大気圏最上層部を滑空しながらアメリカを爆撃、そのまま地球を半周して同盟国の日本が当時支配していた南方の島に着陸させるという壮大な計画で、これを「シルバーフォーゲル（銀の鳥）計画」と呼んだ。

もっともこれはペーパープランにすぎず、実際に作るなど夢のまた夢で、実用化には程遠かった。

シルバーフォーゲル（CG制作：筆者）

●個人飛行ユニット

オーストリア人の発明家バウムゲルトという人物は、ヘリコプターのようなローターを背負って飛行する「ヘリオフライ」なる飛行装置の発明を行なっていたという。もちろん実用化はされなかったが、戦後、アメリカは一兵卒に飛行能力を持たせる「フライング・プラットフォーム」という飛行装置の開発に熱心に取り組んでいる。

トリープ・フリューゲル（CG 制作：筆者）

●垂直離着陸戦闘機

離着陸に広大な滑走路が必要なのは飛行機の弱点である。たとえ新品の戦闘機が何十機も届いても、滑走路を爆撃されてボコボコにされてしまえば飛ぶことができず、ただの置物になってしまう。そのためナチス・ドイツでは、いくつかの垂直離着陸戦闘機の計画案が提出されている。垂直離着陸機であれば、ちょっとした広場があれば運用可能だからだ。

「フォッケウルフ　トリープ・フリューゲル」は胴体から垂直に3枚の主翼が突き出しており、その先にラムジェットエンジンを搭載する事でこれを回転させて竹トンボのように上昇するというプランだった。この手の計画機の中では有名なものの一つだが、「素晴らしい高性能機になるだろう」という評判を一度も聞いたことがない。

「ハインケル　ヴェスペ」は胴体中央部にプロペラを取り付け、それを円環型の翼で覆い、さらに小さな主翼を配置した構造の垂直離着陸機である。先のトリープ・フリューゲルも同様だが、機首を上に向けて尾部にある車輪で着陸するテイルシッターという方式の飛行機だった。この方式には、パイロットが上向きになるため着陸時に地面までの距離がわかりにくいという欠点があり、実用上問題があった。戦後アメリカが垂直離着陸機の研究を始めた時「ポゴ」という、同じくテイルシッター実験機を製作したが、あまりにも地面との距離が測りにくいので、地面を感知するレーダーを搭載している。

トリープ・フリューゲルもヴェスペも計画だけで実機は製作されなかった。戦後になっても垂直離着陸機の実用化は難題で、実際にものになる機体の出現は1960年代のイギリスのハリアーを待たなければならなかった。

改良前のホルテンH・9V1型

●ステルス機？

戦間期から独特な無尾翼、全翼型グライダーを研究していたのが、ヴァルターとライマールのホルテン兄弟である。

無尾翼機とは尾翼を持たず尾翼の機能も主翼に持たせた飛行機、全翼機とは文字通り機体が主翼だけで構成された飛行機である。

これらの飛行機には、安定性が悪く操縦が難しいという欠点があったものの、尾翼がないぶん機体に突出した部分が少なく洗練されているため高性能が期待できる、何よりレーダー波の反射面積が小さいためレーダーに捉えられにくいという大きな利点があった。

ナチス・ドイツの再軍備に伴って軍に入隊したホルテン兄弟は、グライダーの経験を生かし

アメリカ軍に捕獲されたHo229

て全翼型ジェット戦闘爆撃機の開発に取り掛かる。これはホルテンH・9と呼ばれる試作機で、改良を加えたH・9V3型試作機を元に作られた生産型をHo229または、製造メーカーではない兄弟の代わりに生産を行うゴータ社の名をとってGo229という。

Ho229は鋼管の骨組みにベニヤ板を貼った構造で、木炭を混ぜた接着剤を材料内に塗布し、レーダー波を吸収しステルス性を高めるようになっていたとする説がある。この説の大元は設計者のライマール・ホルテンの証言だが、ステルス技術が話題になり始めた80年代に突然現れた証言だといわれ、必ずしも研究者全員が信じているわけではない。

スミソニアン国立航空宇宙博物館が保管して

いる機体の一部の調査では、そのような痕跡があるとは言い切れないようである。少なくとも現代のステルス機のように、本格的なRCS（レーダー反射断面積）試験場のなかった当時、精密にステルス性を重視して機体を設計したわけではなさそうである。ただし、機体構造上通常の飛行機よりはレーダーに探知されにくかった可能性はある。

いずれにせよ、Ｈｏ２２９は機体の完成を待たずゴータ社でアメリカ軍に捕獲されており、実戦で活躍することはなかった。

ヒトラー自身はオカルトめいた神秘思想は好まず、科学技術による秘密兵器を好んでいたとされる。その「科学の国ドイツ」という当時から世界に流布していたイメージと一部のナチス高官の度を越した神秘思想への傾倒が混ざり合い、『インディ・ジョーンズ』シリーズや『アイアン・スカイ』などの映画、または『ジョジョの奇妙な冒険』といった漫画で描かれるオカルトと科学が融合したグロテスクなナチス像を生み出したのだろう。

先に述べた通り実態としてのナチスは、先進国ではあったがＳＦ的な超科学をもっていたわけではなく、そこには地道に仕事に励む科学者、技術者がいただけであった。

あとがき

1945年4月、ヒトラーは死に、ナチス・ドイツは消滅した。現在、ナチスとヒトラーは悪の代名詞であり、「(主に政治的に気に入らない相手に)○○は現代のヒトラー」というレッテルを貼るのは珍しいことではない。ナチスのシンボルであるハーケンクロイツは、現在でも特に欧米では不用意に使うことが許されないタブーである。では、当時のドイツ国民は悪の帝国がカッコよくてヒトラーを支持したのだろうか？

無論、違う。ハーケンクロイツの元となったのはスワスチカという古代から続く幸運のシンボルで、日本では卍としてお寺を示す地図記号になり、欧州ではナチス台頭以前からシンボルマークとして広く使われていた。創設から第二次世界大戦中盤までの、フィンランド空軍のシンボルが青い鈎《かぎ》十字なのは有名である。有名なシンボルだからこそナチスが採用したのであり、そのせいで本来幸運のシンボルのはずなのに法律で禁止している国もあるという。日本に観光に来た西洋人が、お寺で卍を見て仰天することがあるそうだ。

　ナチスを支持している人々は日常的な、当たり前の感覚の持ち主であった。だからこそ、恐ろしくもある。

「T4作戦《ティーフィア》」をご存知だろうか。1939年頃から、ナチスは国の生産性に寄与しないとみなした障がい者を安楽死させる政策を実施、数万人の命を奪った。もっと恐ろしいのはナチスがこの政策を取り止めた後も、世の中をよくする行為だと信じて多くの医師が障がい者の安楽死を続けたことだった。後に中止されたはずのT4作戦は拡大され、健康なドイツ国民であるとナチスが認めた者以外は強制収容所送りとなり、殺されるようになる。この延長上がユダヤ人の大虐殺である。

　第一次世界大戦の敗北と世界恐慌で貧困にあえぐドイツ国民にとって、金融で財を成した者の多いユダヤ人を、悪辣な人種と信じ込むのは難しいことではなかった。

「悪事を見逃さず、みんなのために自分は我慢する」こう書くとわかりやすい善であり、学校でも現にこのように教えられている。しかし、特定の属性の人々をいかにも悪事を働きそうだと勝手に決めつけたり、自己犠牲を他人に強要するようになるとすべて暗転する。

「あいつは○○だから犯罪者予備軍」「みんなで皆勤賞を目指すと決めたからには、お前の体調が悪くても出席してもらう」といった話は日本でも珍しいものではないだろう。

また、現在テレビでナチスによるユダヤ人虐殺の番組が作られるたびにナレーションで「どうして止められなかったのか」といった問いかけがあるが、今の日本で公的に差別してもいい人々が設定されたら、視聴者ウケのために率先してそれらの人々を笑い者にする番組を作る、ということは「しない」と言い切れるのか。恐ろしいのは、ナチス風の制服でも鉤十字でもなく、熱い使命感や保身のための大衆迎合に裏打ちされた全体主義である。そしてその危険性は今も続いているのだ。

私個人としては「次のナチスは、ナチスを叩きながら現れる」と予測している。どんなにナチスを否定しても、その否定のための行動様式がナチスと同じなら、それは第二のナチスなのだ。

さて、戦後のドイツにも軽く触れておきたい。ドイツは戦後、アメリカをはじめとする資本主義の国とソビエトによって分割され、西ドイツと東ドイツとなる。そこは文字どおりスパイの暗躍する冷戦の最前線となるが、一方でもともと工業国だったため、特に西ドイツは産業が発展し、再び先進国の座に返り咲く。ナチスの国策で誕生した車「フォルクスワーゲン　タイプ1」が「フォルクスワーゲン　ビートル」として世界中で大ヒットしたのはその象徴だろう。

一方、東ドイツは息苦しい監視社会となり、社会の活力は失われ、うわべの発展を宣伝でアピールするという、社会主義国家にありがちな状態に転落してゆく。1990年に東西ドイツは統合を果たすが、実質的には西ドイツが東ドイツを編入したものだった。

現在のドイツはナチス時代とは異なる民主主義国家である。だが、寛容な移民政策がかえって国民の反移民感情に火をつけるなど、現代には現代の難問が立ちはだかっている。

■主要参考文献

イアン・V・フォッグ（著）、小野佐吉郎（訳）『大砲撃戦—野戦の主役、列強の火砲』（サンケイ新聞社出版局）
ウィリアム・グリーン（著）、北畠卓（訳）『ロケット戦闘機—「Me163」と「秋水」』（サンケイ新聞社出版局）
『ドイツ陸軍全史』（学研プラス）
『世界の傑作機No.78　フォッケウルフFw190［アンコール版］』（文林堂）
『世界の傑作機No.135　ドルニエDo335〝プファイル〟』（文林堂）
『世界の傑作機No.2　メッサーシュミットMe262』（文林堂）
『世界の傑作機No.79　P-51ムスタングD型以降』（文林堂）
広田厚司『ドイツの傑作兵器駄作兵器—究極の武器徹底研究』（光人社）
広田厚司『へんな兵器　びっくり仰天WWⅡ戦争の道具』（光人社）
W・ヨーネン（著）、渡辺洋二（訳）『ドイツ夜間防空戦—夜戦エースの回想』（光人社）
広田厚司『Uボート入門—ドイツ潜水艦徹底研究』（光人社）
メラニー・ウィギンズ（著）、並木均（訳）『Uボート戦士列伝—激戦を生き抜いた21人の証言』（早川書房）

ヘルベルト・ヴェルナー（著）、鈴木主税（訳）『鉄の棺―Uボート死闘の記録』（中央公論新社）

ジョーダン ヴォース（著）、秋山信雄（訳）『Uボートエース―異色の撃沈王その生涯と死闘の記録ヴォルフガング・リュート伝』（学研）

富岡吉勝監修『ティーガー重戦車写真集・劇画 ティーガーフィーベル』（大日本絵画）

〈GROUND POWER（グランドパワー）〉２０１０年５月号（ガリレオ出版）

〈GROUND POWER（グランドパワー）〉２００６年６月号（ガリレオ出版）

鈴木五郎『フォッケウルフ戦闘機―ドイツ空軍の最強ファイター』（光人社）

『第二次世界大戦の「秘密兵器」がよくわかる本』（ＰＨＰ）

ピーター・チェンバレン、ヒラリー・Ｌ・ドイル（著）、富岡吉勝（訳）『ジャーマンタンクス』（大日本絵画）

白石光『第二次世界大戦世界の戦闘機ＳＥＬＥＣＴ１００』（笠倉出版社）

野原茂『ドイツ空軍偵察機・輸送機・水上機・飛行艇・練習機・回転翼機・計画機 １９３０‐１９４５』（文林堂）

「IS IT STEALTHY?」Smithsonian National Air and Space Museum ※ウェブサイト

■ 著者紹介

横山雅司（よこやま・まさし）

イラストレーター、ライター、漫画原作者。

ASIOS（超常現象の懐疑的調査のための会）のメンバーとしても活動しており、おもにUMA（未確認生物）を担当している。CGイラストの研究も続け、実験的な漫画「クリア」をニコニコ静画とpixivにほぼ毎週掲載、更新中。著書に『知られざる 日本軍戦闘機秘話』、『本当にあった！ 特殊飛行機大図鑑』、『本当にあった！ 特殊兵器大図鑑』、『本当にあった！ 特殊乗り物大図鑑』、『憧れの「野生動物」飼育読本』、『極限世界のいきものたち』、『激突！ 世界の名戦車ファイル』（いずれも小社刊）などがある。

ナチス・ドイツ「幻の兵器」大全

2021年6月10日 第1刷

著　者　横山雅司

発行人　山田有司

発行所　株式会社 彩図社

東京都豊島区南大塚3-24-4

MTビル　〒170-0005

TEL:03-5985-8213　FAX:03-5985-8224

https://www.saiz.co.jp

https://twitter.com/saiz_sha

印刷所　新灯印刷株式会社

©2021.Masashi Yokoyama Printed in Japan　ISBN978-4-8013-0525-0 C0195

乱丁・落丁本はお取替えいたします。（定価はカバーに記してあります）

本書の無断転載・複製を堅く禁じます。

本書は、2018年11月に小社より出版された『ナチス・ドイツ「幻の兵器」大全』を加筆修正の上、文庫化したものです。